国家精品课程配套实验教材　国家精品资源共享课程配套实验教材

21世纪高等学校计算机规划教材

21st Century University Planned Textbooks of Computer Science

计算机操作系统实验指导（Linux版）

Experiment Guide of Computer Operating System (for Linux)

郑然　庞丽萍 编著

人民邮电出版社

北　京

图书在版编目（CIP）数据

计算机操作系统实验指导 : Linux版 / 郑然，庞丽萍编著. -- 北京 : 人民邮电出版社，2014.8（2022.1重印）
21世纪高等学校计算机规划教材
ISBN 978-7-115-35185-2

Ⅰ. ①计… Ⅱ. ①郑… ②庞… Ⅲ. ①Linux操作系统－高等学校－教材 Ⅳ. ①TP316.89

中国版本图书馆CIP数据核字(2014)第100013号

内 容 提 要

本书是操作系统原理课程的配套实验教材，旨在引导学生通过对 Linux 操作系统的使用和相关实验，加深对操作系统的基本原理和设计思路的理解，逐步掌握操作系统的实现技术和应用方法。

鉴于大多数读者在进行操作系统课程学习的同时，并未掌握 Linux 系统的基本使用，本书首先介绍了 Linux 的安装、常用工具和应用开发环境等基本知识；然后以现代操作系统多用户、多任务的特征作为主线，分析了 Linux 系统的初始化引导、系统调用、进程控制、资源配置与使用等具体的实现技术；在此基础上，从系统的使用和系统原理的实践两个层面设计了一系列由简单到复杂的实验，希望能帮助读者在巩固操作系统的理论知识、精通 Linux 操作系统的实现机制的同时，又能锻炼、培养自己动手解决实际问题的能力。

本书既可作为高等院校计算机及相关专业操作系统课程的实验教材，也可供 Linux 环境开发人员参考使用。

◆ 编　　著　郑　然　庞丽萍
　责任编辑　邹文波
　责任印刷　彭志环　杨林杰
◆ 人民邮电出版社出版发行　　北京市丰台区成寿寺路 11 号
　邮编　100164　　电子邮件　315@ptpress.com.cn
　网址　http://www.ptpress.com.cn
　北京天宇星印刷厂印刷
◆ 开本：787×1092　1/16
　印张：7.75　　　　2014 年 8 月第 1 版
　字数：187 千字　　　2022 年 1 月北京第 15 次印刷

定价：22.00 元

前　言

“计算机操作系统”是计算机专业中非常重要的一门基础课，操作系统课程理论性较强，其内容庞杂，涉及面广，要掌握操作系统的原理和实现方法，单靠理论学习是远远不够的，必须结合实际操作系统，配合实验，在实践中将理论知识和实际操作系统结合起来，才能真正理解、掌握操作系统的思想精髓。本书是《计算机操作系统（第 2 版）》的配套教材，旨在引导学生在进行理论学习的同时，结合实际的 Linux 操作系统进行相关实践，加深对操作系统原理的领会和所采用方法、技术的理解，并在动手能力方面得到训练和培养。

本书以 Linux 作为实践操作系统，采用由浅入深、循序渐进的方式，紧密围绕操作系统原理展开介绍，从系统的基本使用方法逐步引导到系统内核的改造，从开机引导流程逐步深入到添加系统设备驱动程序，在应用程序调用系统服务层面上，不断扩展直到多进程并发执行时的通信。全书分为 3 章。前两章为知识储备，讲述实验应该储备的基本知识；第 3 章是在前两章的基础上，讲述具体的实验。第 1 章为实验准备，介绍 Linux 的安装、使用和编程方法。通过对本章的阅读，让从未接触过 Linux 的读者能了解 Linux，并开始动手在 Linux 中写程序。第 2 章为实验进阶，共 8 节内容，结合操作系统原理的理论知识，以现代操作系统多用户、多任务的特征作为主线，介绍 Linux 系统的初始化引导、系统调用、进程控制与并发执行，描述系统硬件及软件资源的配置与使用，讨论内核程序的编写和加载。第 3 章包括 12 个实验，分别为熟练掌握 Linux 使用的 4 个实验和实践操作系统原理的 8 个实验。每个实验都与前两章的内容相呼应，并在此基础上给出了实验指导和说明，以加深读者对操作系统概念和原理的理解，顺利完成实验。

本书既可作为高等院校计算机及相关专业操作系统课程的实验教材，也可供 Linux 环境开发人员参考使用。建议读者按照本书章节的顺序完成实验内容，从对 Linux 的一无所知，变为熟练运用 Linux，并系统掌握 Linux 系统及系统原理。

在该书编写的过程中，笔者通过网络学到了很多实验方法和实践经验，参考了大量的网络资源，在此对所有帮助过我的老师、学者、网友表示深深的感谢，书中无法逐一列出，还请各位谅解。

编　者

2014 年 4 月于华中科技大学

目 录

图目录

表目录

第1章 实验准备——了解Linux

1.1 搭建环境

1.1.1 选择合适的Linux版本

Linux 不像 Windows，它不是一个由一家商业公司维护的软件，只有一个包装。Linux 可以任意包装、自由配置。任何一个人、一家公司都可以按照自己的想法，做一个 Linux 出来。通常所说的 Linux，指的是 GNU/Linux，即采用 Linux 内核的 GNU 操作系统。GNU 是“GNU's Not Unix”的递归缩写，该计划始于 1984 年，目标是创建一套完全自由的操作系统。与 Windows 不同，在自由的旗帜下，各种异彩纷呈的 Linux 发行版本不断推陈出新，但各种不同的 Linux 发行版本使用的都是由 Linux 之父——Linus Torvalds 推出和维护的 Linux 核心，按照目标用户群的需要集成各具特色的功能软件包产生的，在结构上并没有截然不同的分别。Linux 的发行版本大体分为两类，一类是商业公司维护的发行版本，一类是社区组织维护的发行版本，前者以著名的 Redhat（RHEL）为代表，后者以 Debian 为代表。

RedHat 系列包括 RHEL（Redhat Enterprise Linux，收费版本）、Fedora（由原来的 Redhat 桌面版本发展而来，免费版本）、CentOS（RHEL 的社区克隆版本，免费）。Redhat 应该是在我国使用人群最多的 Linux 版本，这个版本的特点是使用人群数量大，资料非常多，网上的 Linux 教程一般都是以 Redhat 为例来讲解的。Redhat 系列采用基于 RPM 包的 YUM 包管理方式，包分发方式是编译好的二进制文件。Fedora 是 Redhat 的后续版本，现在由社区维护，提供最快的更新速度、最新的软件版本、最完整的系统体系。在稳定性方面，RHEL 和 CentOS 都非常好，适合于服务器使用；Fedora 的稳定性较差，最好只用于桌面应用。

Debian 系列，包括 Debian 和 Ubuntu 等。Debian 是社区类 Linux 的典范，是迄今为止最遵循 GNU 规范的 Linux 系统。Debian 分为 3 个版本分支：stable、testing 和 unstable。其中，unstable 为最新的测试版本，适合桌面用户；testing 都经过 unstable 中的测试，相对较为稳定；stable 一般只用于服务器，其软件包都比较过时，但是稳定性和安全性都非常高。Debian 最具特色的是 apt-get /dpkg 包管理方式，要安装什么软件，只要执行命令“apt-get install ‘软件名’”就可以了，系统会为用户考虑它需要依赖哪些包，并且自动到网上把所有需要的软件下载安装。Debian 的资料很丰富，有很多支持的社区，但缺点就是更新太慢，稳定发行版几年才更新一次，软件包也过于陈旧。

Ubuntu 严格来说不能算一个独立的发行版本，Ubuntu 是从 Debian 的 unstable 版本的基础上发展起来的。可以说，Ubuntu 是一个拥有 Debian 所有优点和自己加强的优点的 Linux 桌面系统，根据桌面系统的不同分为 3 个版本：基于 Gnome 的 Ubuntu、基于 KDE 的 Kubuntu、以及基于 Xfc 的 Xubuntu。其特点是界面非常友好，容易上手，对硬件的支持非常全面，是最适合作桌面系统的 Linux 发行版本。Ubuntu 目前由商业机构维护，更新速度非常稳定。

Gentoo 是 Linux 世界最年轻的发行版本，最初由 DanielRobbins（FreeBSD 的开发者之一）创建，首个稳定版本发布于 2002 年。由于开发者对 FreeBSD 的熟识，所以 Gentoo 拥有媲美 FreeBSD 的广受美誉的 ports 系统——Portage 包管理系统。Portage 基于源代码进行分发，必须编译后才能运行。它虽然对于大型软件而言比较慢，但在经过各种定制的编译参数优化后，能将机器的硬件性能发挥到极致。Gentoo 是所有 Linux 发行版本中安装最复杂的，但又是安装完成后最便于管理的版本，也是在相同硬件环境下运行最快的版本。

FreeBSD 不是一个 Linux 系统，但 FreeBSD 与 Linux 的用户群有相当一部分是重合的，二者支持的硬件环境也比较一致，采用的软件也比较类似，所以可以将 FreeBSD 视为一个 Linux 版本来比较。FreeBSD 拥有两个分支：stable 和 current。顾名思义，stable 是稳定版，而 current 则是添加了新技术的测试版。FreeBSD 采用 Ports 包管理系统，与 Gentoo 类似，基于源代码分发，必须在本地机器编译后才能运行，但是 Ports 系统的使用没有 Portage 系统简便，使用起来稍微复杂一些。FreeBSD 的最大特点就是稳定和高效，是作为服务器操作系统的最佳选择，但它对硬件的支持没有 Linux 完备，所以并不适合作为桌面系统使用。

表 1 给出了几种常用 Linux 发行版的优缺点。

表 1　几种 Linux 发行版优缺点对比

	优　点	缺　点
fedora	高度创新；安全功能突出；大量支持包；严格遵守自由软件条例	向企业应用倾斜，桌面实用性稍差
CentOS	稳定可靠；免费下载和使用；安全更新发布及时	缺乏最新的 Linux 技术
debian	非常稳定；卓越的质量控制；软件包多；支持最多的处理器架构	保守；发布周期较长
ubuntu	固定的发布周期和支持期限；易于初学者学习；丰富的文档	不兼容 Debian
gentoo linux	优秀的软件管理基础设施；高度的可定制性；完整的使用手册；一流的在线文档管理	编译耗时多，安装缓慢，不太稳定

对Linux初学者来说，如果只是需要一个桌面系统，而且无需定制任何东西，不想在系统上浪费太多时间，可以在ubuntu、kubuntu及xubuntu中选一款。它们三者的区别仅仅是桌面程序不一样。更新较快、资料较多的Fedora亦可；如果还想非常灵活地定制自己的Linux系统，希望让程序运行得更顺畅，而不介意在Linux系统安装方面浪费一点时间，那么Gentoo是唯一的选择。

对服务器管理员来说，CentOS安装完成后，经过简单的配置就能提供非常稳定的服务；如果希望服务器稳定运行，可替换为FreeBSD；如还想深入摸索Linux各个方面的知识，定制更多的内容，则推荐使用Gentoo。

1.1.2 利用VMware学习Linux

一般说来，在实际的Windows（宿主计算机）中再虚拟出一台电脑（虚拟机），并在上面安装Linux系统，对初学者可以具有如下功用。

- 放心大胆地进行各种Linux练习，而无需担心因操作不当导致的宿主计算机崩溃。
- 举一反三，将一台电脑变成三台、四台甚至更多台，再分别安装上其他操作系统，而只需删除一个文件夹即可完成操作系统卸载。
- 组建虚拟的局域网，轻松学习网络管理知识，进行各种网络实验，而不必购买交换机、路由器及网线等网络设备。

所谓虚拟计算机（简称虚拟机）就是由虚拟机软件模拟出来的计算机。它实际上是一种应用软件，特别之处在于，由它创建的虚拟机都具有与真实计算机相同的运行环境，不但虚拟出自己的CPU、内存、硬盘、光驱，甚至还有自己的BIOS。在这个虚拟机上，可以安装Windows、Linux等真实的操作系统及各种应用程序，还可以将这些计算机相互连接起来形成网络。而且在虚拟机的环境下，用户无需重启系统，即可在同时运行的多台虚拟机中自由切换。

目前流行的虚拟机软件有VMware公司的VMware Workstation及Connectix公司设计的Virtual PC，它们都能在Windows系统上虚拟出多个计算机，应用功能基本相同。相比而言，不论是在对多操作系统的支持上，还是在执行效率上，VMware都比Virtual PC明显高出一筹。VMware可以在一台机器上同时运行二个或更多Windows、DOS、LINUX系统。与“多启动”系统相比，VMWare采用了完全不同的概念。多启动系统在一个时刻只能运行一个系统，在系统切换时需要重新启动机器。VMWare是真正“同时”运行，多个操作系统在主系统的平台上，就像标准Windows应用程序那样切换。而且对每个操作系统都可以进行虚拟的分区、配置，而不影响真实硬盘的数据，甚至可以通过网卡将几台虚拟机连接为一个局域网，使用极其方便。在VMware上安装操作系统比直接安装在硬盘上要省事很多，因此，比较适合学习和测试。

VMware有Workstation（工作站版）和Server（服务器版）等多种版本，对于Windows和Linux操作系统还有不同的安装程序，其中应用于Windows操作系统的Workstation应用最广。VMware Workstation是一个在Windows或Linux计算机上运行的应用程序，允许同时被创建和运行多个x86虚拟机。每个虚拟机实例可以运行自己的客户机操作系统，如（但不限于）Windows、Linux、BSD衍生版本等。简言之，VMware工作站允许一台真实的计算机同时运行数个操作系统。在使用上，虚拟机和真正的物理主机没有太大区别，都需要分区、格式化、安装操作系统、安装应用程序和软件，跟操作一台真正的计算机一样。这样做的好处是在学习安装的过程中，不需要太多的注意事项，而且它也不会破坏硬盘数据，还可以直接用IOS来安装，不至于浪费太多光盘和时间。

在Windows系统中，利用VMware构建Linux系统包括构建虚拟机、安装操作系统和安装VMware Tools 3个阶段。

1. 构建虚拟机

在VMware中构建虚拟机的步骤如下。

（1）运行VMware Workstation，执行“File”→“New”→“Virtual Machine”命令，进入创建虚拟机向导。

（2）在弹出的欢迎页面中单击“下一步”按钮。

（3）在“Virtual Machine Configuration”页面内选择“Custom”单选项。

（4）在“Choose the Virtual Machine Hardware Compatibility”页面中，选择虚拟机的硬件格式。通常选择高版本格式，因为新的虚拟机硬件格式支持更多的功能，选中后单击“下一步”按钮。

（5）在“Select a Guest Operating System”对话框中，选择要创建的虚拟机类型及要运行的操作系统（Linux的某种发行版），单击“下一步”按钮。

（6）在“Name the Virtual Machine”对话框中，为新建的虚拟机命名，并且选择它的保存路径。

（7）在“Processors”选区中选择虚拟机中CPU的数量。如果选择Two，表示为该配备两个CPU或者是超线程的CPU。

（8）在“Memory for the Virtual Machine”页面中，设置虚拟机使用的内存（如1024MB）。

（9）在“Network Type”页面中选择虚拟机网卡的“联网类型”，包含如下各项。

- 第一项，使用桥接网卡（VMnet0虚拟网卡），表示当前虚拟机与主机（指运行VMware Workstation软件的计算机）在同一个网络中。
- 第二项，使用NAT网卡（VMnet8虚拟网卡），表示虚拟机通过主机单向访问主机及主机之外的网络，主机之外的网络中的计算机不能访问该虚拟机。
- 第三项，只使用本地网络（VMnet1虚拟网卡），表示虚拟机只能访问主机及所有使用VMnet1虚拟网卡的虚拟机。主机之外的网络中的计算机不能访问该虚拟机，也不能被该虚拟机所访问。
- 第四项，表示该虚拟机与主机无需网络连接。

（10）在“Select I/O Adapter Type”页面中，选择虚拟机的SCSI卡的型号，通常选择默认值即可。

（11）在“Select a Disk”页面中，选择“Create a new virtual disk”选项（创建一个新的虚拟硬盘）。

（12）在“Select a Disk Type”页面中，选择创建的虚拟硬盘的接口方式，通常选择默认值即可。

（13）在“Specify Disk Capacity”页面中设置虚拟磁盘大小，对于一般的使用来说，选择默认值即可。

（14）在“Specify Disk File”页面的“Disk file”选区内，设置虚拟磁盘文件名称，通常选择默认值即可，然后单击“完成”按钮。

2. 安装操作系统

在虚拟机中安装操作系统，和在真实计算机中的安装没有什么区别，但在虚拟机中安装操作系统，可以直接使用保存在主机上的安装光盘镜像（或者软盘镜像）作为虚拟机的光驱（或者软驱）。

可以打开前面创建的 Linux 虚拟机配置文件，在“Virtual Machine Settings”页面的“Hardware”选项卡中选择“CD-ROM”选项，在“Connection”选区内选中“Use ISO image”单选项，然后选择 Linux 安装光盘镜像文件（ISO 格式）。如果使用安装光盘，则选择“Use physical drive”，并选择安装光盘所在的光驱。

选择光驱后，单击工具栏上的播放按钮，打开虚拟机的电源，鼠标单击虚拟机工作窗口，进入虚拟机。

之后在虚拟机中安装操作系统，与在主机中安装过程相同，详见 1.1.3 节。

3. 安装 VMware Tools

在虚拟机中安装完操作系统之后，接下来需要安装 VMware Tools。VMware Tools 相当于 VMware 虚拟机的主板芯片组驱动和显卡驱动、鼠标驱动。安装 VMware Tools，可以极大地提高虚拟机的性能，并且可以让虚拟机分辨率以任意大小进行设置，还可以使用鼠标直接从虚拟机窗口中切换到主机中。

VMware Tools 的安装非常简单：在 VM 菜单中选择“VMware Tools”，按照提示安装，最后重新启动虚拟机即可。

1.1.3 Linux 的安装及分区

Linux 的安装既可以选择从光盘进行，也可以将系统做成 ISO 映像存在硬盘上，通过硬盘安装。从光盘安装 Linux 操作系统，需要设置 BIOS，从光盘引导系统启动。从硬盘安装时，首先要准备安装包，Linux 的安装通常是一个或多个 ISO 镜像文件（可以从光盘制作，也可以通过网络下载）；其次，要通过某种手段启动镜像文件中的系统安装程序；然后按照安装程序的提示信息进行安装即可。

安装过程中，可选择字符界面或图形界面来进行。图形界面因其友好、直观，更容易被广大用户所接受。不同的 Linux 版本，安装过程也不尽相同，但无论何种安装方式及何种 Linux 版本，安装过程基本上都大同小异，其步骤如图 1 所示。

Linux 的安装过程虽然比较简单，但 Linux 的分区尤其要引起注意。

与可包含多个分区的 Windows 操作系统不同，Linux 的整个文件系统是一棵巨大的树结构，最顶部是“/”（根目录，root），所有的文件夹、文件和驱动盘等都是这个 root 的分支。

例如：假设一台计算机有两个硬盘驱动器 a 和 b、一个软盘驱动器和一个 CD-ROM。在 Windows 系统中，硬盘 a 分为两个区（a1 和 a2），其他设备各对应一个分区，则 5 个分区对应 5

个盘符，它们的文件结构相互独立，如下所述。

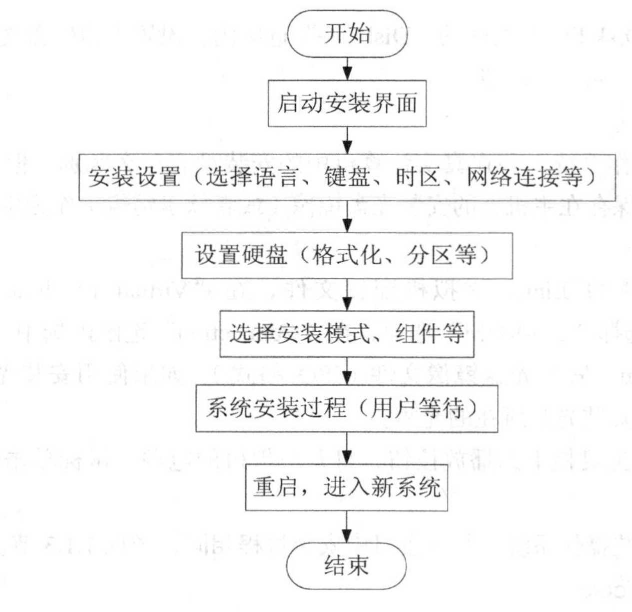

图 1 Linux 安装步骤

- C 盘：硬盘 a 的分区一（hda1）。
- D 盘：硬盘 a 的分区二（hda2）。
- E 盘：硬盘 b（hdb1）。
- A 盘：软驱。
- F 盘：光驱。

而在 Linux 中，将只有一个文件系统（而非 Windows 系统中的 5 个），即只有一个根目录，一个独立且唯一的文件结构。每个分区（或盘）都是整个文件系统的一部分，挂载到这个树结构中，每个分区对应一个目录，如下所述。

- hda1：/ (根目录)
- hda2：/home
- hdb1：/home/user/video
- 软驱：/mnt/floppy
- 光驱：/mnt/cdrom

此时，“D 盘”、“E 盘”都附加在“C 盘”中，无需回到顶部就能切换不同的盘。这一切换动作和 Windows 中的从一个文件夹进入另一个文件夹一致。对于软驱和光驱也是如此，都作为文件系统的一部分加载在/mnt 目录下。

在 Linux 安装过程中，当选择完语言和键盘后，系统会提示需要初始化硬盘分区，一般有如下 4 种分区方式供选择。

（1）删除硬盘上的所有分区，并建立自动 Linux 默认分区表：如果硬盘上不存在任何操作系统或需要删除现有操作系统，并只安装一份 Linux 系统时，选择该方式进行分区，它会删除现有的所有分区，并自动建立一套 Linux 分区。

（2）删除所选硬盘上已有的 Linux 分区，并自动建立 Linux 默认分区表：当已安装了一个 Linux 系统，并希望覆盖该系统时，可以选择该项，安装程序会删除现有的 Linux 分区，并自动建立一套 Linux 分区。

（3）使用硬盘上剩余的自由空间自动建立 Linux 分区表：在还存在未分配的硬盘空间时选择该方式，安装程序不会修改现有分区，而会在未分配的自由分区中自动建立一套 Linux 分区。

（4）自定义分区：对 Linux 分区非常熟悉或希望自定义分区大小时选择该项。

在自定义分区过程中，需要手动进行磁盘分区，一般划分为“/”分区和交换分区两个分区。“/”分区是 Linux 系统必备的分区，是 Linux 文件系统的起点。另外还需要一个 SWAP 格式的交换分区（虚拟内存分区），其大小与内存有关：内存较小时，交换分区的大小一般应为内存的两倍；当内存大于 256M 时，交换分区的大小等于内存大小即可。

此外，常用的 Linux 分区还包括以下几个分区（目录）。它们可以单独建立分区，也可以不建立分区。

- /boot 分区：启动分区，包含操作系统的内核和在启动系统过程中用到的文件。建立启动分区很有必要，如果有一个单独的/boot 启动分区，即使根分区出现问题，计算机依然能够启动。
- /home 分区：用户的 home 目录所在地，存放用户文件，分区大小取决于用户数量，以及用户文件的大小、多少。在多用户情况下，/home 分区尤其必要，也能让根用户较好地控制普通用户使用计算机。
- /usr 分区：程序分区，Linux 中绝大多数程序默认安装在/usr 下。如有可能，应将最大空间分配给/usr 分区。
- /var 分区：系统日志记录分区，存放系统日志。
- /tmp 分区：存放临时文件。对于多用户系统或网络服务器，该分区非常必要。这样即使程序运行时生成大量的临时文件，或者用户对系统进行了误操作，文件系统的其他部分仍然安全。而且/tmp 分区承受着大量的读写操作，它通常会比其他部分更容易出现问题。
- /bin 分区：存放标准系统实用程序。
- /dev 分区：存放设备文件。
- /sbin 分区：存放标准系统管理文件。

1.2 初次接触

1.2.1 登录、使用和关闭 Linux

Linux 作为多用户、多任务的操作系统，系统资源由所有用户共享使用。任何要使用系统资源的用户必须先在系统内登记、注册（即开设用户账号，该账户包含用户名、口令、所用的 Shell、使用权限等）。为了计算机系统的安全，Linux 会对每个要求进入系统的用户验证他们的用户名和口令，如果验证通过，则用户登录成功，否则系统拒绝登录。

以超级用户的 root 账户登录的终端提示符为“#”，以普通用户登录的终端提示符为“$”。Linux 系统中，超级用户 root 拥有完全的系统权限（如删除、修改系统中所有目录和文件等），而且在命令方式下删除的内容是不可恢复的，因此在命令使用不当的时候，可能会对系统造成不可估量的伤害。为了系统安全、避免由于误操作带来的损失，建议若非系统管理需要，一般不要以超级用户的 root 账号登录，而使用其他用户名登录 Linux 系统。

Linux 的用户界面分为字符界面和图形化用户界面两种。

在字符界面下使用相关的 Shell 命令，可以完成操作系统的所有任务。

字符界面（或终端界面）占用系统资源较少，且操作直接，同一硬件配置的计算机运行字符界面比运行图形化用户界面速度要快很多。因此，对于熟练的系统管理人员，字符界面更加直接、高效。Linux 的字符界面也称为虚拟终端或者虚拟控制台。使用 Windows 操作系统的计算机时，用户使用的是真实终端。而 Linux 具有虚拟终端的功能，可为用户提供多个互不干扰、相互独立的工作界面。使用 Linux 操作系统的计算机时，用户面对的虽然是一套物理终端设备，但是感觉仿佛在操作多个终端一样。

Linux 默认有 7 个虚拟终端，其中第 1～6 个虚拟终端是字符界面，第 7 个虚拟终端是图形化用户界面（需要启动图形化用户界面后才存在）。每个虚拟终端相互独立，用户可以用相同或不同的账号登录虚拟终端，并同时使用计算机。虚拟终端之间可以相互切换。

- 登录 Linux 后，如果选用的是字符界面，可以使用 startx 命令进入图形界面。
- 使用【Alt+F1】～【Alt+F7】快捷键，可以从字符界面的虚拟终端切换到其他虚拟终端。
- 使用【Ctrl+Alt+F1】～【Ctrl+Alt+F6】快捷组合键，可以从图形化用户界面切换到字符界面的虚拟终端（如果是在 VMware 虚拟机中安装的 Linux 系统，则需长按此快捷组合键直到界面切换）。

Linux 系统的图形化用户界面为用户提供了简便、易用、直观的操作平台，X Window 系统通过软件工具及架构协议建立 Linux 的图形用户界面。X Window 系统（X Window System，也常称为 X11 或 X）是一种以位图方式显示的软件窗口系统，早期通过窗口管理器与系统交互，但随着计算机的发展，由窗口管理器提供的基本 GUI 不能帮助用户完成与现代计算机应用相关的复杂认知任务，需要在此基础上构建桌面环境提供给用户使用。

和 Windows 系统一样，关闭 Linux 不能直接关闭电源。Linux 是多用户操作系统，可能有多个用户同时使用，立即关机（或重启）可能导致其他用户的工作被突然中断。因此，在关机（或重启）之前会发出提示信息，提醒所有登录用户即将关机（或重启），且预留一段时间让用户结束各自的工作并退出登录。

常用的关机和重启命令有：

```
shutdown -h 10          //10 分钟后关机
shutdown -r 10          //10 分钟后重启
```

如果在命令提示符中执行命令“shutdown –h 10”，系统每一分钟向所有终端发送一次“The system is going DOWN for system halt in 10 minutes”等提示信息，预定时间到期后执行关机操作。

关机或重启命令需要由超级用户来执行，用户可以使用 su 命令暂时取得 root 用户权限来关闭或重启机器。在 X Windows 中选择“退出”，将会出现“退出登录”、“重新启动”、“关机”等不同选项，用户可以根据自己的需要选择相应的操作。

1.2.2　使用 Linux 的图形界面

Linux 是一个基于命令行的操作系统，图形界面并不是 Linux 的一部分，Linux 的图形界面是 Linux 下的应用程序实现的，这是 Linux 和 Windows 的重要区别之一（Windows 95 及以后的版本中，图形界面是操作系统的一部分，没有图形界面，Windows 就不称为 Windows 了）。Linux 内核为 Linux 系统中的图形界面提供了显式设备驱动。

GNOME 和 KDE 是目前 Linux 系统最流行的两个图形操作环境，它们都以 X Window 系统为基础，通过 X Window 才能运行。

1. GNOME 桌面

GNOME 是 GNU Network Object Model Environment（GNU 网络对象模型环境）的简称，是一种让使用者容易操作和设定电脑环境的工具，其目标是基于自由软件，为 Unix 及类 Unix 系统构造一个功能完善、操作简单及界面友好的桌面环境。它是 GNU 计划的正式桌面，也是 Linux 发行版本中运用最多的桌面环境之一，如图 2 所示。

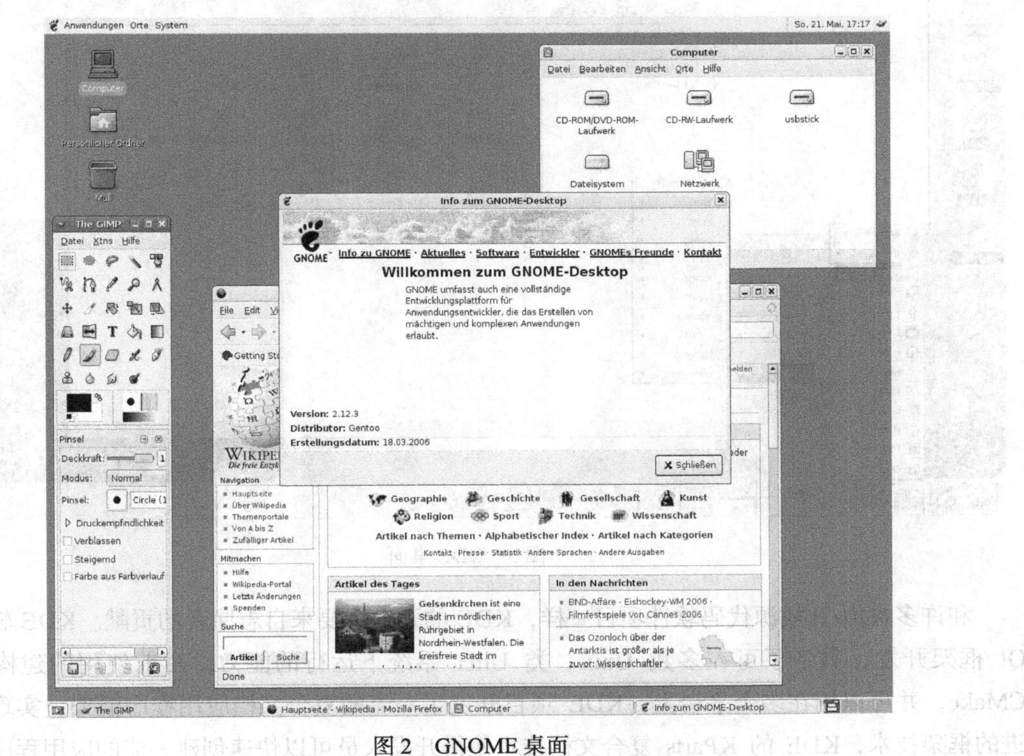

图 2　GNOME 桌面

GNOME 可以运行在包括 Linux、Solaris、HP-UX、BSD 和 Apple's Darwin 等的系统上，并被 Sun Microsystems 公司采纳为 Solaris 平台的标准桌面，取代了过时的 CDE。GNOME 包含控制面板（Panel，用来启动此程序和显示目前的状态）、桌面（应用程序和数据放置的地方），以及一系列的标准桌面工具和应用程序，并且能让各个应用程序都能正常地运作。

对使用者而言，GNOME 有许多方便之处：GNOME 提供非文字接口，让使用者能轻易地使用应用程序；GNOME 设定容易，可以将它设定成任何模式；GNOME 可以用多种程序语言来撰写，并不受限于单一语言，也可以新增其他不同语言。GNOME 使用 CORBA（Common Object Request Broker Architecture）让各个程序组件彼此正常运行，而不需考虑它们是何种语言写成，甚至是在何种系统上运行。

2. KDE 桌面

KDE，K 桌面环境的简称（Kool Desktop Environment），是第一个基于 X Window 的桌面环境，也是一款著名的运行于 Linux、Unix 及 FreeBSD 等操作系统上的自由图形工作环境，整个系统采用 TrollTech 公司所开发的 Qt 程序库建成，KDE 桌面如图 3 所示。

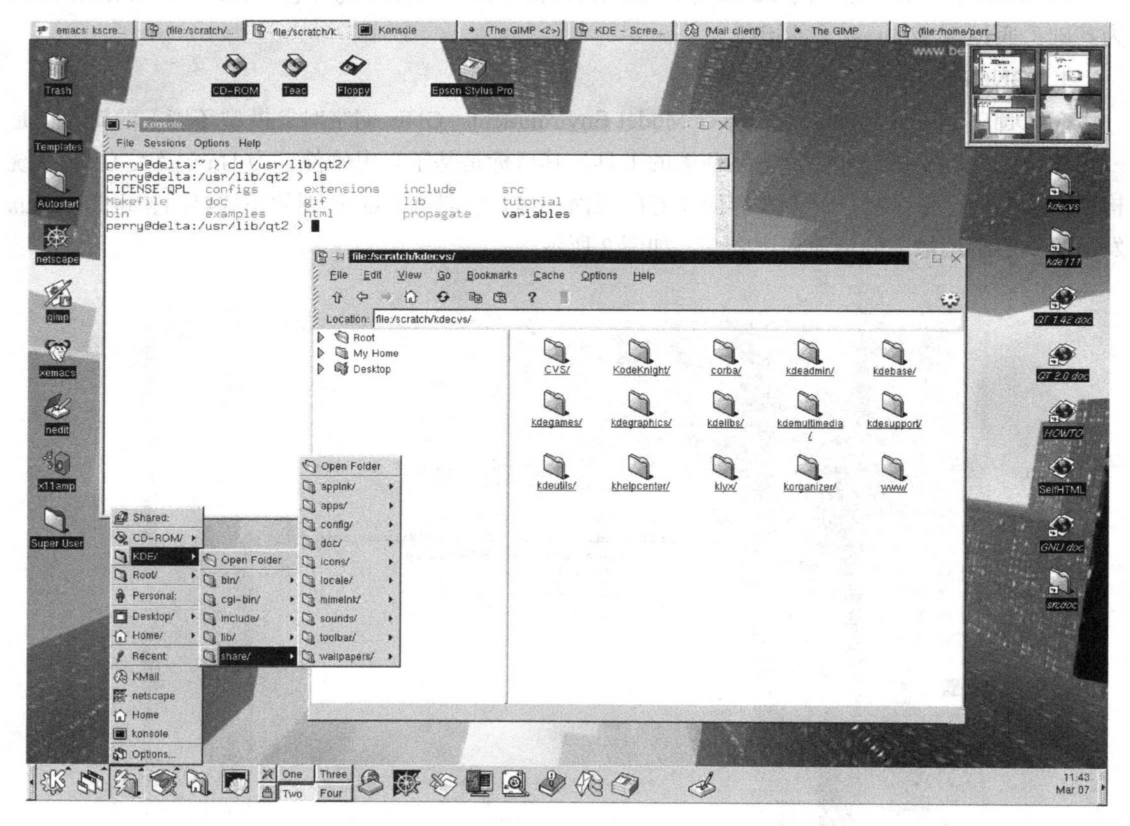

图 3　KDE 桌面

和许多自由/开放源代码软件项目一样，KDE 的开发主要来自志愿者的贡献。KDE 软件基于 Qt 框架开发，具备了可在多数 Unix、类 Unix 系统下运行的能力，目前使用的建构工具是 CMake，并可以用在多个平台上。KDE 项目开发了一流的复合文档应用程序框架，实现了最先进的框架技术，KDE 的 KParts 复合文档技术使得开发人员可以快速创建一流的应用程序，以实现最尖端的技术。对用户来说，KDE 桌面具有现代化、网络透明性、统一的视觉观感、标准化界面、集中化组织等特点。

3. GNOME vs. KDE

GNOME 与 KDE 本质上都是桌面环境，必须和窗口管理器配合使用，以提供类似于 MS-Windows、OS/2、CDE 和 Mac OS 的用户界面。它们都采用 GPL 公约发行，不同之处在于 GNOME 采用遵循 GPL 的 GTK 库开发，而 KDE 基于双重授权的 Qt。

GNOME 和 KDE 都开放源代码，都能很好地运行主流的 Linux 应用程序。虽然 GNOME 和 KDE 是两个不同的桌面环境，但它们协作起来并没有太大障碍。在 GNOME 中可以运行 KDE 的 kppp 或 konqueror（尽管这样会丧失一小部分功能，如无法在 GNOME 中实现 Konqueror 的拖曳功能），但必须同时在内存中加载 GTK++和 QT。

此外，KDE 包含大量的应用软件、项目规模庞大，没有太多的第三方开发者为 KDE 开发重量级软件；由于自带软件众多，KDE 比 GNOME 更丰富多彩，加上使用习惯接近 Windows，会更容易上手一些。但 KDE 的毛病在于运行速度相对较慢，且部分程序容易崩溃（当然整个 KDE 崩溃的情况极少出现）。

GNOME 项目专注于桌面环境本身，其软件较少、运行速度快，且稳定性相当出色，完全遵循 GPL 公约的属性让它赢得重量级厂商的支持。从当前的情况来看，GNOME 已经成为 Novell、RedHat 企业发行版的默认桌面，更偏向于商务领域；而丰富多彩的 KDE 有朝向家用和娱乐方向发展的趋势，显然它比 GNOME 更有趣味性一些。

1.2.3　执行 Linux 的命令

Linux 系统的 Shell 作为操作系统的外壳，是用户和 Linux 内核之间的接口（即为用户提供使用操作系统的接口），它是命令语言、命令解释程序及程序设计语言的统称。当从 Shell 向 Linux 传递命令时，内核会做出相应的反应。从用户登录到用户注销的整个期间，用户输入的每个命令都要经过 Shell 的解释才能执行。

Shell 可执行的用户命令分为两大类——内置命令和实用程序，其中实用程序又分为 4 类，如表 2 所示。

表 2　Shell 可执行的用户命令

命令类型	功能	
内置命令	为提高执行效率，部分最常用命令的解释器构筑于 Shell 内部	
实用程序	Linux 程序	存放在/bin、/sbin 目录下 Linux 自带的程序
	应用程序	存放在/usr/bin、/usr/sbin 等目录下的应用程序
	Shell 脚本	用 Shell 语言编写的脚本程序
	用户程序	用户编写的其他可执行程序

Shell 命令的处理方式根据命令的不同也有所区别。如果输入的是内置命令，则由 Shell 的内部解释器进行解释，并交由内核执行。如果输入的是实用程序命令，且给出了命令路径，则

Shell 按照用户提供的路径在文件系统中查找。如果找到，则调入内存，交由内核执行；否则输出提示信息。如果输入的是实用程序命令，但没有给出命令路径，则 Shell 会根据 PATH 环境变量所指定的路径依次查找。如果找到则调入内存，交由内核执行；否则输出提示信息。

Linux 中的 Shell 有多种类型，其中最常用的是 Bourne Shell（sh）、C Shell（csh）和 Korn Shell（ksh）。3 种 Shell 各有优缺点。

Bourne Shell 是 Unix 最初使用的 Shell，在每种 Unix 上都可以使用。Bourne Shell 在 Shell 编程方面相当优秀，但在处理与用户的交互方面做得不如其他几种 Shell。Linux 操作系统默认的 Shell 是 Bourne Again Shell，它是 Bourne Shell 的扩展，简称 Bash，与 Bourne Shell 完全向后兼容，并且在 Bourne Shell 的基础上增加、增强了很多特性。Bash 放在/bin/bash 中，可以提供如命令补全、命令编辑和命令历史表等功能，它还包含了很多 C Shell 和 Korn Shell 中的优点，有灵活和强大的编程接口，同时又有很友好的用户界面。

C Shell 是一种比 Bourne Shell 更适于编程的 Shell，它的语法与 C 语言相似。Linux 为喜欢使用 C Shell 的人提供了 Tcsh。Tcsh 是 C Shell 的一个扩展版本。Tcsh 包括命令行编辑、可编程单词补全、拼写校正、历史命令替换、作业控制和类似 C 语言的语法，它不仅和 Bash Shell 提示符兼容，还提供比 Bash Shell 更多的提示符参数。

Korn Shell 集合了 C Shell 和 Bourne Shell 的优点，并且和 Bourne Shell 完全兼容。Linux 系统提供了 pdksh（ksh 的扩展），它支持任务控制，可以在命令行上挂起、后台执行、唤醒或终止程序。

Linux 还包括了一些流行的 Shell，如 ash、zsh 等。不论是哪一种 Shell，它最主要的功能都是解释使用者在命令提示符下输入的指令。Shell 命令由命令名、选项和参数 3 个部分组成，其基本格式为：

命令名 [选项] [参数] ↓

- 命令名：是描述该命令功能的英文单词或缩写。在 Shell 命令中，命令名必不可少，且总是放在整个命令行的起始位置。
- 选项：是执行该命令的限定参数或功能参数。同一命令采用不同的选项，其功能也不相同。选项可以有一个，也可以有多个，甚至可以没有。选项通常以“-”开头，当有多个选项时，可以只使用一个“-”符号，如命令“ls -l-a”与命令“ls -la”功能完全相同；部分选项以“--”开头，这些选项通常是一个单词；少数命令的选项不需要“-”符号。
- 参数：是执行该命令所需的对象，如文件、目录等。根据命令不同，参数可以有一个、多个或没有。
- 回车符“↓”：任何命令都必须以回车符【Enter】（用“↓”表示）结束。

需要特别指出的是，在命令基本格式中，方括号部分表示可选部分；命令名、选项与参数之间，参数与参数之间都必须用一个或多个空格分隔。同时，Linux 系统严格区分英文字母的大小写，同一字母的大小写被看作不同的符号。因此，无论是 Shell 的命令名、选项名还是参数名都必须注意大小写。

下面介绍 Shell 命令使用过程中的几个基本技巧。

1. Shell 命令的相关帮助方法

Shell 命令是熟练运用 Linux 的基石，但 Shell 命令数量众多，选项繁杂，不易掌握，学会求助十分重要。

（1）列出 Shell 命令集

在字符界面下或图形界面终端按【Tab】键两次，可以显示出所有 Shell 命令。

- 用"help"、"man builtin"或"man bash"命令，可以列出所有的内部命令。
- 用"ls /bin"命令，可以列出 Linux 系统最基础、所有用户都能使用的外部命令。
- 用"ls /sbin"命令，可以列出只有超级用户 root 才能使用的、管理 Linux 系统的外部命令。
- 用"ls /usr/bin"及"ls /usr/local/bin"命令，可以列出所有用户都能使用的可执行程序目录。
- 用"ls /usr/sbin"、"ls /usr/local/sbin"或"/ls /usr/X11R6/bin"命令，可以列出只有超级用户 root 才能使用的、涉及系统管理的可执行程序目录。

（2）man 命令

用 man 命令，可以显示指定命令的手册页帮助信息，格式为：

```
man 命令名
```

例如：输入"man cd"命令后，显示出"cd"命令的用法说明，可以使用上下方向键、【PgDn】、【PgUp】键前后翻阅帮助信息，按【q】键退出 man 命令。

（3）--help 选项

使用--help 选项也可以获取命令的帮助信息，但不是所有的命令都有该选项。格式：

```
命令名 --help
```

例如，输入"ls --help more"命令，显示"ls"命令的帮助信息。由于帮助信息较长，可以使用管道和 more 命令分页显示帮助信息。

2. Shell 命令通配符

Shell 命令中可以使用通配符来同时引用多个文件以方便操作。Linux 中 Shell 命令的通配符包括下列 5 种。

（1）通配符"*"：代表任意长度的任何字符。

（2）通配符"?"：代表任何一个字符。

（3）字符组通配符"[]"、"-"和"!"："[]"表示指定的字符范围，"[]"内的任意一个字符都用于匹配。"[]"内的字符范围可以由直接给出的字符组成，也可以由起始字符、"-"和终止字符组成，如果使用"!"，则表示不在这个范围之内的其他字符。

3. 自动补全

自动补全是指在输入命令名、文件或目录名时，只需要输入前几个字母，然后利用【Tab】键自动找出匹配的命令、文件或目录，从而大大提高工作效率。

（1）自动补全命令名

只输入命令名的开头一个或几个字母，然后按 1 次【Tab】键，系统会自动补全能够识别的部分（若不能识别，则命令名不发生变化）；再按 1 次【Tab】键，系统显示出符合条件的所有命令供用户选择。

（2）自动补全文件或目录名

在输入文件或目录名时，只输入文件或目录名的开头一个或几个字母，然后按 1 次【Tab】

键，系统会自动补全能够识别的部分（若不能识别，则文件或目录名不发生变化）；再按 1 次【Tab】键，系统显示出符合条件的文件或目录供用户选择。

4. 中断 Shell 命令

如果一条命令花费了很长时间来运行，或在屏幕上产生了大量输出，可按【Ctrl+C】键来中断它（在正常结束之前，中止它的执行）。

1.3 使用文件

1.3.1 了解目录结构

与 Windows 不同，Linux 将整个文件系统看作一棵树，树根即为根文件系统，各个分区均为这棵树的分支，以文件夹的形式进行访问。Linux 的目录结构设置合理、层次鲜明，遵循文件系统层次结构标准（Filesystem Hierarchy Standard，简称 FHS）。FHS 是由非营利性组织 Linux 基金会维护的一个标准，用于定义 Linux 操作系统中主要的目录及内容，让开发者和用户可以方便、快速地找到需要的文件。

Linux 系统安装时，安装程序就创建了文件系统和完整而固定的目录形式，并指定了每个目录的作用和其中的文件类型。完整的目录树可以划分为小的分支，这些分支又可以单独存放在自己的磁盘或分区上。这样相对稳定的部分和经常变化的部分可单独存放在不同的分区中，从而方便系统备份或管理（详见 1.1.3 Linux 的安装及分区）。Linux 根目录下一般只存放目录，而不存放文件，这样的布局主要便于在 Linux 计算机之间共享文件系统的某些内容。Linux 系统中的文件和目录通常分为以下 3 组。

（1）Linux 某一特定文件系统的文件和目录，如启动脚本配置文件。

（2）可供不同 Linux 系统共享访问的只读文件和目录，如可执行应用程序。

（3）可供 Linux 或其他操作系统的不同系统之间共享的可读可写目录或文件，如用户目录 /home。

Linux 和 Windows 的文件目录均采用树型结构，但 Windows 中目录树的树根是磁盘分区的盘符，有几个分区就有几棵树（如包含 3 个分区的 Windows 系统有 3 棵目录树，树根分别为 C、D、E），它们之间的关系是并列的。但在 Linux 中，无论 Linux 操作系统管理几个磁盘分区，目录树只有一个，最顶层是根目录，即树根为“/”，其他分区作为根目录的子目录存在（如 /home 分区对应/home 子目录、/usr 分区对应/usr 子目录等），而且各个磁盘分区上的树型目录不一定并列。Linux 操作系统的目录树结构如图 4 所示。

在 Linux 目录树结构中，根目录下常用的几个主要目录及主要用途包括如下所述各项。

/bin

基础系统所需基本命令（如 ls、cp、mkdir 等）的文件目录。bin 是 binary 的缩写，表示二进制文件，通常为可执行文件，普通用户都可以使用。

/boot

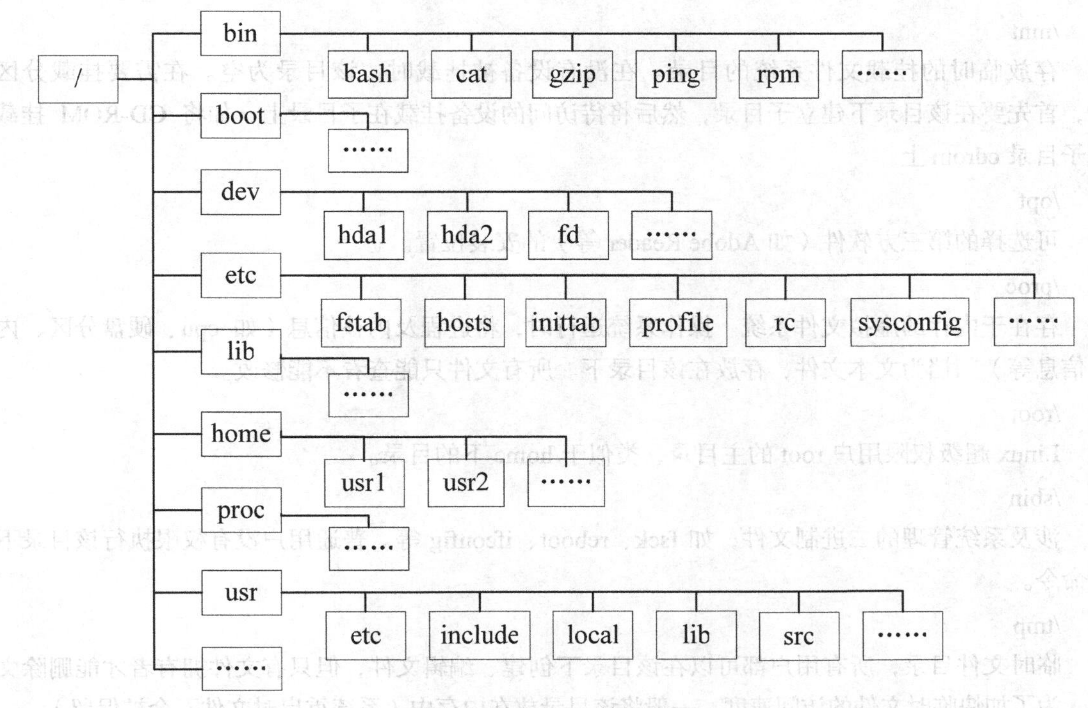

图 4　Linux 目录树结构

Linux 内核及系统引导程序所需的文件目录，如 vmlinuz、引导程序 GRUB 或 LILO 等，通常作为一个单独的分区存在。

/dev

设备文件存储目录，从该目录可以访问各种系统设备，如 CD-ROM、磁盘、内存等。

/etc

系统和应用软件配置文件的存储目录，一些服务器的配置文件也存放在该目录下，如用户账号及密码配置文件等。

/home

普通用户个人文件的默认存放目录。每个用户的主目录均在该目录下，以自己的用户名命名（/home/username 方式），每个用户只能访问自己的目录（管理员除外）。

/lib

存放系统程序所需的所有共享链接库文件。

/lost+found

ext3 文件系统中用于保存丢失文件的地方。系统意外崩溃、关机或磁盘错误均会导致文件丢失，产生的文件碎片就存放在这里。正常情况下，引导进程会利用 fsck 工具检查并发现这些文件，修复已经损坏的文件系统。除了“/”分区上的这个目录外，其他的每个分区上都有一个 lost+found 目录。

/media

即插即用型存储设备的挂载点，在该目录下自动创建。如当 USB 盘插入 USB 接口时，系统会自动加载，在该目录下产生子目录（如/media/usb）。

/mnt

存放临时的挂载文件系统的目录。在没有设备被挂载时，该目录为空。在需要挂载分区时，首先要在该目录下建立子目录，然后将待访问的设备挂载在子目录上，如将 CD-ROM 挂载到子目录 cdrom 上。

/opt

可选择的第三方软件（如 Adobe Reader 等）的安装位置。

/proc

存在于内存的虚拟文件系统。操作系统运行时，将进程及内核信息（如 cpu、硬盘分区、内存信息等）归档为文本文件，存放在该目录下。所有文件只能查看不能修改。

/root

Linux 超级权限用户 root 的主目录，类似于/home 下的目录。

/sbin

涉及系统管理的二进制文件，如 fsck、reboot、ifconfig 等。普通用户没有权限执行该目录下的命令。

/tmp

临时文件目录，所有用户都可以在该目录下创建、编辑文件，但只有文件拥有者才能删除文件。为了加快临时文件的访问速度，一般将该目录放在内存中（系统重启时文件不会被保留）。

/usr

该目录包含所有的命令、程序库、文档和其他文件，如命令、帮助文件等。这些文件在使用时通常不会被改变。

/var

存放系统运行时内容不断变化的文件（var 为 vary 的缩写），如日志、脱机文件和临时电子邮件文件等。

在 Linux 系统中，/etc 目录相当重要，系统数据和开机配置信息等均在该目录下。一旦该目录破坏，系统将面临崩溃。表 3 列出了/etc 目录下比较重要且常用的一些文件或子目录及其描述。

表 3　/etc 目录下常用的文件或子目录

目录/文件名	描　述
/etc/rc.d	开启 Linux 系统服务的 scripts 目录
/etc/hosts	本地域名解析文件
/etc/sysconfig/network	IP、掩码、网关、主机名配置等
/etc/fstab	开机自动挂载系统，所有分区开机都会自动挂载
/etc/inittab	设定系统启动级别，并加载相关的启动配置文件
/etc/init.d	存放系统启动脚本
/etc/profile	全局系统环境变量
/etc/mtab	当前安装的文件系统列表。由 scripts 初始化，由 mount 命令自动更新
/etc/passwd	用户信息数据库，存放用户名、用户目录、口令和用户其他信息等
/etc/X11	存放 X-Windows 相关的配置文件

操作系统内核贴近硬件，需要对计算机的体系结构有所了解。阅读和分析 Linux 内核源码是进一步学习、深入了解 Linux 操作系统、顺利完成操作系统实验必不可少的一步。

Linux 内核源码位于/usr/src/linux*.*.*（*.*.*代表内核版本，如 2.6.32）。如果没有类似目录，表明还没有安装内核代码，可以从互联网上免费下载。Linux 内核源码的目录结构分布如图 5 所示，每个目录或子目录看作一个模块，与操作系统的组成结构相对应，主要包括进程管理、内存管理、文件系统、程序和网络等几个目录。

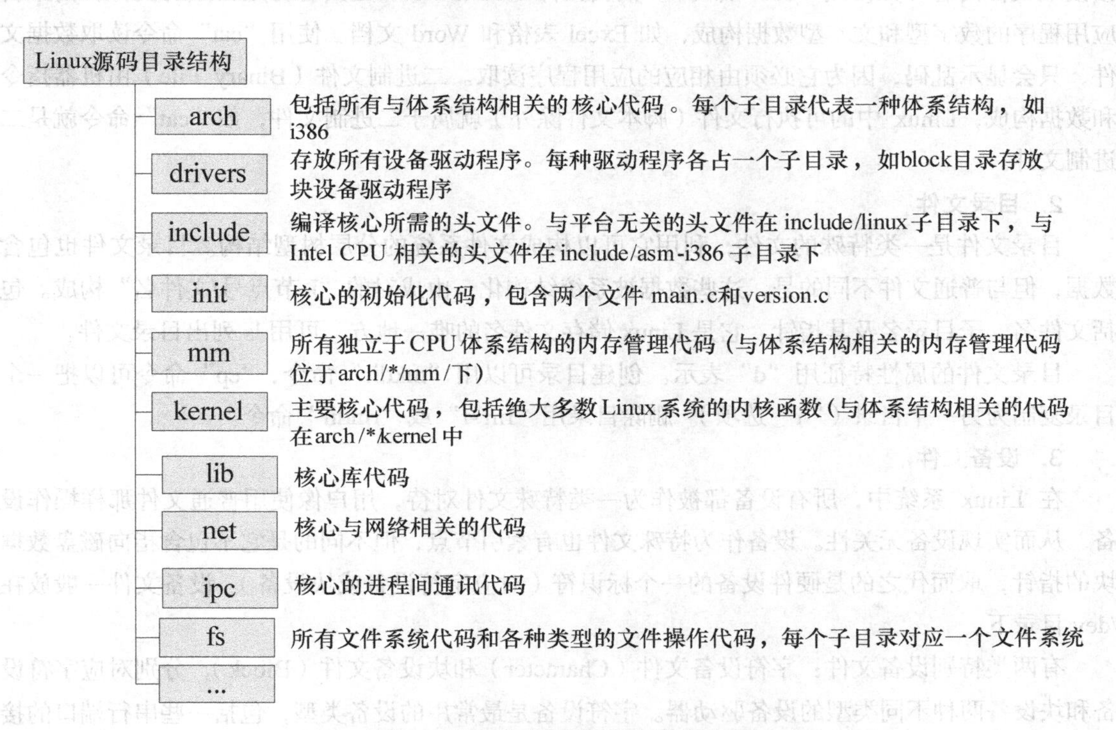

图 5　Linux 内核源码目录结构分布图

1.3.2　认识文件

Linux 系统以文件形式进行管理，即一切皆文件。无论文件是程序、文档、数据库，还是目录，Linux 系统都会赋予它相同的结构，即都由索引节点和数据组成。索引节点又称 I 节点，一般是一个信息记录，包括文件权限、文件主、文件大小、存放位置、建立日期等；数据是文件的实际内容，可以为空，也可以非常大，并且有自己的结构。Linux 中以圆点“.”开头的文件名是隐含文件（dot files），默认方式下使用“ls”命令时不能显示，需要执行带“-a”选项的 ls 命令查看。

Linux 文件类型常见的有：普通文件、目录文件、设备文件、符号链接文件、套接字文件等，可用 file 命令来识别。

1. 普通文件

普通文件也称常规文件，包含各种长度的字符串。系统对这些文件没有结构化，只是作为有序的字节序列交给应用程序，由应用程序自己组织和解释文件内容。

执行命令“ls –lh”查看某个文件的属性，可以看到类似“-rw-r--r--”的属性显示，其中第一个符号“-”表示普通文件。这些文件一般由相关的应用程序创建，如图像工具、文档工具、归档工具等，可以用“rm”命令删除。

根据文件内容，普通文件可分为文本文件、数据文件和可执行的二进制程序。文本文件（ASCII）是 Linux 系统中最多的一种文件，由 ASCII 字符构成，如 txt 文本、Shell 脚本，可以直接读取文件内容（如使用“cat”命令）。数据文件（Data File）是具有特定格式的文件，由来自应用程序的数字型和文本型数据构成，如 Excel 表格和 Word 文档。使用“cat”命令读取数据文件，只会显示乱码，因为它必须由相应的应用程序读取。二进制文件（Binary File）由机器指令和数据构成，Linux 中的可执行文件（脚本文件除外）就属于二进制文件，如“cat”命令就是二进制文件。

2. 目录文件

目录文件是一类特殊的文件，利用它可以构成文件系统的分层树型结构。目录文件也包含数据，但与普通文件不同的是，这些数据被系统结构化，由成对的“I 节点号/文件名”构成。包括文件名、子目录名及其指针。它是 Linux 储存文件名的唯一地方，可用 ls 列出目录文件。

目录文件的属性特征用“d”表示。创建目录可以用“mkdir”命令，“cp”命令可以把一个目录复制为另一个目录（“-r”选项）。删除目录用“rm -r”或“rmdir”命令。

3. 设备文件

在 Linux 系统中，所有设备都被作为一类特殊文件对待，用户像使用普通文件那样操作设备，从而实现设备无关性。设备作为特殊文件也有索引节点，但不同的是它不包含指向磁盘数据块的指针，取而代之的是硬件设备的一个标识符（对应字符设备或块设备）。设备文件一般放在/dev 目录下。

有两类特别设备文件：字符设备文件（Character）和块设备文件（Block），分别对应字符设备和块设备两种不同类型的设备驱动器。字符设备是最常用的设备类型，包括一些串行端口的接口设备，如键盘、鼠标等。这类设备的特点是一次性读取，输出不能打断，如鼠标需要滑动到另一个窗口，而不能直接跳到另一个窗口。字符设备文件的属性用“c”表示。块设备文件的属性为“d”，对应块设备的输入/输出以块为单位，可以通过设置的缓冲区自动缓存待传送的数据，并实现随机存取，如可以随机地在硬盘的不同区块读写。使用这种接口的设备包括硬盘、光盘等。

设备文件用命令“mknode”创建，用命令“rm”删除。在最新的 Linux 发行版本中，一般不用自己创建设备文件，因为这些文件和内核相关联。

4. 符号链接文件

符号链接文件是指向同一索引节点的那些目录条目。用“ls”命令来查看时，链接文件的标志用“l”开头，而文件后面以“->”指向所链接的文件。 可以通过“ln -s sourcefile newfile”的方式创建一个符号链接文件，如图 6 所示，order-link.c 是新创建的、order.c 的链接文件，这与 Windows 操作系统中的快捷方式相类似。

5. 套接字文件

套接字（sockets）文件通常用于网络数据，属性为“s”。可以启动一个程序监听客户端的要求，而客户端通过这个 socket 来进行数据通信。在/var/run 目录中经常会出现这种类型的文件。

如当启动 MySQL 服务器时，就会产生一个 mysql.sock 文件，如图 7 所示。

```
[user1@localhost ~] $ ln -s order.c order-link.c
[user1@localhost ~] $ ls -l order-link.c
total 1
lrwxr-xr-x 1 user1 user1 15 Nov 1 18:40 order-link.c -> order.c
```

图 6　符号链接文件的创建

```
[root @ localhost ~] # ls -lh /var/lib/mysql/mysql.sock
Srwxrwxrwx 1 mysql mysql 0 10-25 11:32 /var/lib/mysql/mysql.sock
```

图 7　套接字文件举例

Linux 是一个多用户系统，每个用户属于一个组，Linux 的文件所有权和访问授权与用户 id 和组密切相关。使用“whoami”命令可以检查当前用户有效的 id，执行“groups”命令可以找出当前用户所在的组，“id”命令可以找出用户和组信息。Linux 文件的访问权限有 3 种类型：读（r）、写（w）和执行（x）。写权限包括修改和删除对象的能力。此外，这些权限被分别指定给文件所有者、文件组成员和其他人。

“ls –l”命令用于查看文件属性，第一列信息是一个由 10 个字符组成的字符串（见图 6、图 7 所示案例），第一个字母描述文件类型，剩下的 9 个字母每 3 个字母为一组，分别表示文件所有者、文件组、其他人对该文件的读、写和执行的权限。“-”表示相应的权限没有被授予。如图 6 中，用户 user1 可以读、写和执行 order-link.c 文件，而其他用户对该文件只能读或者执行，但不能修改文件内容。

不同于 Windows，Linux 的文件是没有所谓的扩展名的，一个 Linux 文件能否被执行，与文件权限有关，而与文件名没有任何关系。只要文件权限授予了“x”属性，如图 7 中的“Srwxrwxrwx”代表文件 mysql.sock 可以被执行，但能否执行成功，由文件内容决定，即“x”只代表文件具有可执行的能力，与执行结果无关。尽管如此，我们仍会遵循 Windows 文件命名的习惯，希望藉由扩展名来区分文件种类，如将脚本文件命名成“*.sh”，C 语言头文件仍然定义成“*.h”。

1.3.3　操作文件

在学习和使用 Linux 系统的过程中，免不了会对文件进行各种各样的操作。熟练使用各种文件操作命令是掌握 Linux 和操作系统的前提。本节按操作类别给出文件相关操作命令及简单描述，旨在让读者对此有个全面的认识和了解；如需熟练掌握文件操作方法，可以通过终端执行指令“man Command_name”查阅指定命令（Command_name）的手册页帮助信息，或寻求互联网、其他工具书的协助，进一步了解命令的详细操作方法并实践。

1. 文件管理命令

chattr：改变文件属性。

chgrp：改变文件组权。

chmod：改变文件或目录的权限。

chown：改变文件的属权。

touch：更改文件或目录的日期时间，包括存取时间和更改时间。

umask：设定文件的权限掩码。

whereis：在特定目录中查找符合条件的文件。

which：在环境变量$PATH 设置的目录中查找符合条件的文件。

2. 文件基本操作

cp：将文件拷贝至另一文件。

dd：从指定文件读取数据写到指定文件。

df：报告磁盘空间的使用情况。

du：统计目录或文件所占磁盘空间的大小。

file：辨识文件类型。

ln：创建文件链接。

mktemp：建立暂存文件，供 shell script 使用。

mv：移动或更名现有的文件或目录。

rcp：在远端复制文件或目录。

rhmask：产生与还原加密文件，方便用户在公开的网络上传输该文件，而不至于被任意盗用。

rm/rmdir：删除文件或目录。

tee：从标准输入设备读取数据，将内容输出到标准输出设备，同时保存成文件。

tmpwatch：删除不必要的暂存文件。

touch：创建文件。

3. 文件比较、搜索与合并

find：搜索文件或目录，并执行指定操作。

grep：按给定模式搜索文件内容。

head：显示指定文件的前若干行。

less：按页显示文件。

locate：查找符合条件的文件。

more：在终端屏幕按帧显示文本文件。

sed：利用 script 来处理文本文件。

sort：对指定文件按行进行排序。

split：将文件切成较小的文件，预设每 1000 行切成一个小文件。

tail：显示指定文件的最后部分。

wc：显示指定文件中的行数、词数或字符数。

comm：比较两个已排过序的文件。

diff：以逐行方式比较文本文件的差异。

diffstat：根据 diff 的比较结果，统计各文件的插入、删除、修改等差异计量。

indent：辨识 C 原始代码文件，并加以格式化，以方便程序员阅读。

paste：把每个文件以列对列的方式，一列列地加以合并。

4. 文件压缩与打包

Linux 常见的打包、压缩、解压命令如表 4 所示。其中，.zip 后缀的压缩格式是目前使用较多的文档压缩格式，在各种操作系统平台下（如 Linux、Windows 和 Mac OS）都可以使用该压缩格式，但缺点是支持的压缩率不高。tar 是在 Linux 中使用非常广泛的文档打包格式，打包过程中消耗非常少的 CPU 和时间，但它并不负责压缩。可以设置相应选项进行压缩，如"-z"调用 gzip 压缩打包文件，"-j"调用 bzip2 进行文件压缩，"-Z"调用 compress 压缩文件。与"-x"联用时，则调用相应的解压程序完成解压缩。

表 4　　Linux 常见压缩、解压、打包命令

命　令	描　述
bzip2 / bunzip2	.bz2 文件的压缩/解压程序
bzip2recover	修复损坏的.bz2 文件
bzcat	.bz2 文件解压缩到 stdout
gzip / gunzip	.gz 文件的压缩/解压程序
zcat	读取压缩文件数据内容
zip / unzip	.zip 文件的压缩/解压程序
compress	早期的压缩/解压程序（压缩后文件名为.Z）
tar	对文件或目录进行打包或解包

打包和压缩是有区别的。打包是指将一些文件或目录编成一个总的文件，压缩则是将一个大的文件通过一些压缩算法变成一个小文件。在 Linux 系统中，很多压缩程序（如 gzip）只能针对一个文件进行压缩，当需要压缩较多文件时，就要借助工具先将这些文件打成一个包，再用原来的压缩程序进行压缩。

1.4 动手写程序

1.4.1 编辑文档

Linux 的文本编辑器有很多，比如图形模式的 gedit、kwrite、OpenOffice 等，文本模式下的 vi、vim（vi 的增强版本）和 nano 等。vi 或 vim 是 Unix/Linux 最基本的文本编辑工具，几乎所有的 Unix/Linux 发行版本都提供这一编辑器。vi 是全屏幕编辑器，工作在字符模式下，只能编辑字符，不能对字体、段落等进行排版。由于不需要图形界面，它们成了效率很高的文本编辑器。

vim 的全称是 vi Improved，顾名思义是 Unix 上流行编辑器 vi 的模仿和改进版，比 vi 更容易使用。vi 的命令几乎全都可以在 vim 上使用。Vim 的理念是减少使用鼠标，减少敲击键盘，

减少手指移动，减少目光移动，相比于 vi，vim 拥有更多的特性，如下所述。

- vim 具有程序编辑的能力，可以以字体颜色辨别语法的正确性，方便程序设计；因为程序简单，编辑速度相当快速。
- vim 可以当作 vi 的升级版本，它可以用多种颜色的方式来显示一些特殊的信息。
- vim 会依据文件扩展名或者是文件内的开头信息，判断该文件的内容，而自动地执行该程序的语法判断式，再以颜色来显示程序代码与一般信息。
- vim 里面加入了很多额外的功能，例如支持正则表达式的搜索、多文件编辑、块复制等。这对于在 Linux 上进行一些配置文件的修改工作是很棒的功能。
- vi 或 vim 最大的优势在于，它们最常用的命令都是简单的字符，这比起使用复杂的快捷组合键要快得多，而且也解放了手指的大量工作，学习使用这些命令的时间很快就能从由此带给你的高效率中得到补偿。另外，与 vi 不同，vim 也支持在插入模式下使用上下方向键，这使初学者可以很容易上手。

基本上 vi 或 vim 可以分为 3 种状态，分别是命令模式、编辑模式和末行模式。不同工作模式下的操作方式有所不同。

1. 命令模式

以 vi 打开一个文件就直接进入命令模式了（这是默认的模式）。在这个模式中，从键盘上输入的任何字符都被当作编辑命令来解释，而不会显示在屏幕上。如果输入的字符是合法的 vi 命令，则 vi 完成相应的动作；否则 vi 会响铃警告。如可以使用上下左右键来移动光标，可以使用删除字符或删除整行来处理文件内容，也可以使用复制、粘贴来处理文件数据。

2. 编辑模式

在命令模式中可以进行删除、复制、粘贴等操作，但是无法编辑文件的内容，只有当到按下“i, I, o, O, a, A, r, R”中任何一个字母之后，才会进入编辑模式。这时候屏幕的左下方会出现“Insert”或“Replace”字样，此时输入的任何字符都被 vi 当作文件内容显示在屏幕上。而如果要回到命令模式时，则必须要按下【Esc】键才可退出编辑模式。

3. 末行模式

在命令模式下，按【:】键进入末行模式，此时 vi 会在屏幕的底部显示“:”符号作为命令行模式的提示符，等待用户输入相关命令。命令执行完毕后，vi 自动回到命令模式。

为了实现跨平台操作并兼容不同类型的键盘，vi 编辑器中无论是命令还是输入内容都使用字母键。例如按字母键“i”，在编辑模式下表示输入“i”字母，而在命令模式下则表示将工作模式转换为编辑模式。

vi 3 种工作模式之间的相互转换关系如图 8 所示。

常用的命令操作主要包括以下各项。

（1）插入文本命令

只有在编辑模式下才可以插入文本至相应位置。

i：在光标前。

I：在光标所处行行首。

a：在光标后。

A：在光标所处行行尾。

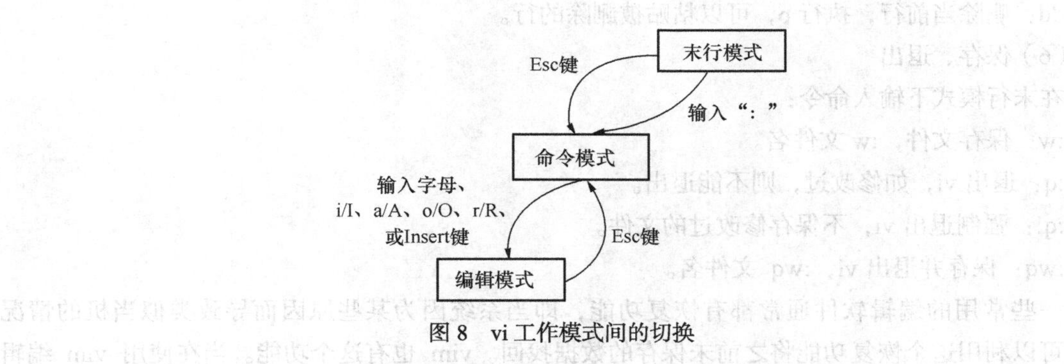

图 8　vi 工作模式间的切换

o：在当前行之下新开一行。

O：在当前行之上新开一行。

Insert：等同于 i 命令。

（2）替换文本命令

r：替换当前字符（一对一）。

R：替换当前字符及其后的字符，直至按【ESC】键（一对一）。

s：删除当前字符，并以输入文本替代之（多对一）。

S：删除当前行，并以输入文本替代之（替换行）。

C：删除当前行，并以输入文本替代之（修改行）。

（3）移动光标

在命令模式下，可以利用空格键、退格键、回车键移动光标。此外，输入“w”以单词为单位向后移动光标；输入“b”以单词为单位向前移动光标。光标停在下一个或上一个单词的首字母。而在编辑模式下，主要使用键盘上的方向键。

（4）删除文本

在命令模式下删除文本。

x：删除光标处字符。

dd：删除整行，包括回车。

X：删除光标左边字符。

D：删除正行或右边部分。

S：删除整行，并进入插入模式。

在末行模式下删除文本：

:d：删除当前行。

:nd：删除第 n 行。

:n1,n2d：删除从 n1 行开始到 n2 行为止的所有内容。

（5）复制、剪切和粘贴文本

在编辑模式下只能复制和粘贴，不能剪贴。

在命令模式下：

yy：拷贝当前行文本。

P：粘贴文本。

dd：删除当前行，执行 p，可以粘贴被删除的行。

（6）保存、退出

在末行模式下输入命令：

:w：保存文件，:w 文件名。

:q：退出 vi，如修改过，则不能退出。

:q!：强制退出 vi，不保存修改过的文件。

:wq：保存并退出 vi，:wq 文件名。

一些常用的编辑软件通常都有恢复功能，即当系统因为某些原因而导致类似当机的情况时，可以利用这个恢复功能将之前未保存的数据找回。vim 也有这个功能。当在使用 vim 编辑时，vim 会在被编辑文件的目录下，再建立一个名为“.filename.swp”的文件（执行 ls –l 命令可以看到）。如果系统因为某些原因断线导致编辑的文件还没有保存，这时.filenam.swp 就能发挥救援的功能。

1.4.2 编译 C 程序

Linux 的绝大多数应用都用 C 语言编写，几乎每位 Linux 程序员面临的首要任务都是灵活运用 C 编译器。目前 Linux 下最常用的编译器是 GCC。GCC 是 GNU Compiler Collection 的简称，能把高级语言编写的源代码构建成可执行的二进制代码。GCC 能支持各种不同的目标体系结构。如它既支持基于宿主的开发，也支持交叉编译。GCC 支持的体系结构常见的有 X86 系列、Arm、PowerPC 等。同时 GCC 还能运行在不同的操作系统上，如 Linux、Solaris、Windows 等。GCC 除了支持 C 语言外，还支持多种其他语言，能够编译用 C、C++和 Object C 等语言编写的程序，也可以通过不同的前端模块来支持各种语言，如 Java、Fortran、Pascal、Modula-3 和 Ada 等，编译、连接成可执行文件。

在使用 GCC 编译程序时，编译过程被细分为预处理（Pre-Processing）、编译（Cmpiling）、汇编（Assembling）和链接（Linking）4 个阶段。预处理阶段主要是在库中寻找头文件，包含到待编译的文件中，编译阶段检查文件的语法，汇编阶段将源代码翻译成机器语言，而在链接阶段则是将所有的代码连接成一个可执行程序。

程序员可以根据自己的需要让 GCC 在编译的任何阶段结束，以便灵活地控制整个编译过程，最常用的有编译模式和编译连接模式两种。一个程序的源代码通常包含在多个源文件之中，这就需要同时编译多个源文件，并将它们连接成一个可执行程序，这时就要采用编译连接模式。在生成可执行程序时，一个程序的源文件无论是一个还是多个，所有被编译和连接的源文件中必须有且仅有一个 main 函数，因为 main 函数是该程序的入口点。但在把源文件编译成目标文件时，不需要进行连接，这时 main 函数不是必需的。

而当调用 GCC 时，GCC 根据文件扩展名（后缀）自动识别文件的类别，并调用对应的编译器。GCC 遵循的部分后缀约定规则如表 5 所示。

在使用 GCC 编译器时，必须给出一系列必要的调用参数和文件名称。GCC 最基本的用法是：gcc [options] [filenames]。

其中 options 为编译器所需要的编译选项，filenames 给出要编译的文件名称。GCC 编译器的调用参数大约有 100 多个，其中多数参数不会用到，最基本、最常用的参数有如下各项。

表 5　　　　GCC 遵循的部分约定规则

后　缀	约 定 规 则
.c	C 语言源代码文件
.a	由目标文件构成的档案库文件
.C　.cc　.cxx	C++源代码文件
.h	程序包含的头文件
.i	已经预处理过的 C 源代码文件
.ii	已经预处理过的 C++源代码文件
.m	Objective-C 源代码文件
.o	编译后的目标文件
.s	汇编语言源代码文件
.S	经过预编译的汇编语言源代码文件

-c，只编译，不连接成为可执行文件。编译器只是根据输入的.c 等源代码文件生成.o 后缀的目标文件，通常用于编译不包含主程序的子程序文件。

-o output_filename，确定输出文件的名称为 output_filename，该名称不能和源文件同名。如果没有该选项，默认生成可执行文件 a.out。

-Idirname，指定头文件的查找目录。将 dirname 指定的目录加入到程序头文件目录列表中，在预编译过程中使用。

-Ldirname，指定库文件的查找目录。将 dirname 对应的目录加入到程序函数档案库文件的目录列表中，在连接过程中使用。

-lname，在连接过程中，加载名为“libname.a”的函数库（位于系统预设的目录或者由-L 选项确定的目录下）。

-Wall，编译文件时发出所有警告信息。

-w：编译文件时不生成任何警告信息。

和其他常用的编译器一样，GCC 提供了灵活而强大的代码优化功能，利用它可以生成执行效率更高的代码。GCC 还对标准的 C 和 C++语言进行了大量的扩展，提高程序的执行效率，进行代码优化，减轻编程的工作量。常见的调试、优化参数包括如下各项。

-g，产生符号调试工具（GNU 的 gdb）必要的符号信息，在对源代码进行调试时加入该选项。

-O，在编译、连接过程中进行优化处理，从而提高可执行文件的执行效率，但编译、连接的速度就相应地要慢一些。

-O2，比-O 更好地进行编译、连接的优化，因此整个编译、连接过程会更慢。

GCC 还包含完整的出错检查和警告提示功能，帮助程序员写出更加专业、优美的代码。如当GCC在编译不符合ANSI/ISO C语言标准的源代码时，可以使用“-pedantic”选项在使用了扩展语法的地方产生相应的警告信息。但“-pedantic”选项不能保证被编译程序与ANSI/ISO C标准的完全兼容，它只能帮助程序员发现一些不符合ANSI/ISO C标准的代码，但不是全部，即离完全兼容的目标越来越近。

除了“-pedantic”之外，GCC还有一些其他编译选项也能产生有用的警告信息。这些选项大多以-W开头，其中最有价值的是“-Wall”选项，使用它能产生尽可能多的警告信息。虽然严格来讲，GCC给出的警告信息不能算作错误，但却很可能成为错误的栖身之所，因此应该尽量避免产生警告信息，使代码始终保持简洁、优美和健壮的特性。

另一个常用的编译选项是“-Werror”，它要求GCC将所有的警告当成错误进行处理。如果编译时带上“-Werror”选项，那么GCC会在所有产生警告的地方停止编译，迫使程序员对自己的代码进行修改。只有当相应的警告信息消除后，才能继续编译过程。

GCC给出的警告信息不仅可以帮助程序员写出更加健壮的程序，还是跟踪和调试程序的有力工具。因此，建议在利用GCC编译源代码时，始终带上“-Wall”选项，并尽可能减少警告信息的产生。把它逐渐培养成为一种编程习惯，这将对寻找常见的隐式编程错误很有帮助。

1.4.3 认识Shell

Shell是Linux系统的用户界面，是用户使用Linux的桥梁和与内核交互的接口，它接受用户输入的命令，并把它送入内核执行。同时，Shell也是一个命令解释器，解释由用户输入的命令，并把它们送入内核执行。此外，Shell有自己的编程语言用于对命令的编辑，允许用户编写由Shell命令组成的程序。Shell编程语言具有普通编程语言的很多特点，它定义了各种变量和参数，并提供了许多在高级语言中才具有的控制结构，包括循环和分支。用Shell编程语言编写的Shell程序与其他应用程序具有同样的效果。

Shell分图形界面Shell（Graphical User Interface Shell，即GUI Shell）和命令行式Shell（Command Line Interface Shell，即CLI Shell）两大类。Linux提供类似于Windows的、可视的图形界面，包括X Window Manager，以及功能更强大的GNOME、KDE等（详见1.2.2节）。传统意义上的Shell指的是命令行式Shell。在系统管理领域，Shell编程起着非常重要的作用，深入了解和熟练掌握Shell编程，是每位Linux管理员的必经之路。

同Linux一样，Linux Shell也有多种不同的版本，常见的有：Bourne Shell（/usr/bin/sh或/bin/sh）、Bourne Again Shell（/bin/bash）、C Shell（/usr/bin/csh）和K Shell（/usr/bin/ksh）等。可以执行命令“echo $SHELL”查看当前系统的Shell类型，也可以用命令“shell-name”切换到别的Shell，其中shell-name是希望切换的Shell的名称，如bash，csh等。该命令将为用户启动一个新的Shell，这个Shell在最初登录的Shell之后，称为下级Shell或子Shell。命令“exit”的执行将退出这个子Shell。使用不同Shell的原因在于每种Shell都有其特别之处。

Bourne Shell是Unix最初使用的Shell，并且在每种Unix上都可使用。BourneShell是一个交换的命令解释器和命令编程语言，在Shell编程方面相当优秀，但在处理与用户的交互方面不尽如人意。

Bourne Again Shell（bash）是 Bourne Shell 的扩展，简称 Bash，与 Bourne Shell 完全向后兼容，并且在此基础上增加、增强了很多特性。大多数 Linux 系统都以 Bash 作为默认的 Shell。Bash 放在/bin/bash 中，有许多特色，可以提供如命令补全、命令编辑和命令历史表等功能，它还包含许多 C Shell 和 Korn Shell 的优点，有灵活和强大的编程接口，同时又有很友好的用户界面。

C Shell 是一种比 Bourne Shell 更适于编程的 Shell，由 Bill Joy 在 Berkeley 的加利福尼亚大学开发，语法与 C 语言相似。Linux 为使用 C Shell 的用户提供了 Tcsh。Tcsh 是 C Shell 的一个扩展版本，包括命令行编辑、可编程单词补全、拼写矫正、历史命令替换、作业控制和类似 C 语言的语法，不仅和 Bash 提示符兼容，还提供比 Bash 更多的提示符参数。

AT&T 贝尔实验室的 David Korn 开发了 Korn Shell，它结合了所有 C Shell 的交互式特性，并融入了 Bourne Shell 的语法，因此广受用户欢迎。Korn Shell 符合 POSIX 国际标准。

在常见的操作系统中，AIX 系统默认的是 Korn Shell，Solaris 默认的是 Bourne Shell，FreeBSD 默认使用 C Shell，而 Bourne Again Shell 则是 Linux 系统的默认 Shell。不同 Shell 语言的语法有所不同，也不能交换使用，但掌握其中任何一种足以。

Shell 脚本的格式固定，一个简单的 Shell 脚本文件如下所示。

```
#! /bin/bash
#print "Hello World!" in console window
a = "Hello World!"
echo $a
```

首行中的符号“#!”告诉系统其后路径指定的程序（/bin/bash）为解释该脚本文件的 Shell 程序（Bourne Again Shell）。如果首行没有这句话，在执行脚本文件时，将会出现错误。后续部分为主程序，以#开头的第二行为注释行（第一行除外），第三行为变量 *a* 赋值，最后一行输出该变量的值。Shell 脚本程序一般以“sh”作为后缀，如命名为 filename.sh，表明这是一个 Bash 脚本文件。

执行 Shell 程序有如下两种方法。

（1）sh 文件名。

如执行上面的 bash 脚本文件，命令格式为“bash filename.sh”。这时将调用 bash 命令解释程序，而把 Shell 程序文件名作为参数传递给它。新启动的 Shell 将读取指定的文件，执行文件中列出的命令，当所有命令执行完时结束。该方法的优点是可以利用 Shell 调试功能。

（2）用 chmod 命令使 Shell 程序成为可执行的。

Linux 中文件能否运行取决于文件内容本身可执行，且文件具有执行权。对于 Shell 程序，当用编辑器生成文件时，系统赋予的许可权限是 644（rw-r--r--），因此当需要运行该文件（如上述 filename.sh）时，首先需要修改文件的访问权限（chmod +x filename.sh），然后直接键入文件名即可（./filename.sh）。

当刚建立一个 Shell 程序、对程序的正确性还没有把握时，应当使用第一种方式进行调试。而当程序已经调试好时，应使用第二种方式把它固定下来，以后只需键入相应的文件名即可，并可被其他程序调用。

关于 Shell 脚本程序的编写规范及编写方法，不作为本书的内容，请读者自行参阅其他资料学习。

1.4.4 图形界面编程

Linux 是一个基于命令行的操作系统，Linux 本身没有图形界面，X 服务器只是 Linux 的一个应用程序，不是系统的一部分（详见 1.2.2 节）。很多用户都习惯于字符界面的终端方式，因为这样效率更高，但时间久了，黑色的屏幕难免让人厌倦。Curses 库是在 Linux 下广泛应用的图形函数库，能在终端模式下编制出美观的图形。不仅如此，在 Linux 环境下也可以开发出美观大方的图形界面，已有多种用于 Linux 图形界面开发的程序包，其中较为常用的是 GTK 和 Qt。

1. Curses：Linux 终端图形库

Curses 的名字起源于“cursor optimization”，即光标优化，最早由美国加州大学伯克利分校的 Bill Joy 和 Ken Arnold 编写，以支持面向屏幕的游戏，后由贝尔实验室的 Mark Horton 在 System III Unix 中重写。现在几乎所有的 Unix、Linux 操作系统都带 curses 函数库，文字编辑器 vi 就是基于 curses 编写而成的。

Curses 构成了一个工作在底层终端代码之上的封装，并向用户提供灵活、高效的 API。Curses 库提供独立于终端控制字符屏幕的方法，并提供光标移动、窗口建立、产生颜色、处理鼠标操作等功能。Curese 程序可以在纯文本系统、xterm 和其他窗口化控制台会话中运行，这使应用程序具有良好的可移植性。

ncurses（new curses）是 GNU 的一部分，是一个可自由配置的库，提供 API，允许程序员编写独立于终端的、基于文本的用户界面。它是一个虚拟终端中的“类 GUI”应用软件工具箱，优化了屏幕刷新方法，以减少使用远程 Shell 时遇到的延迟。

Curses 程序工作在屏幕、窗口和子窗口上，编程的基本元素是窗口对象。所谓“屏幕”，是正在写的设备（通常为终端屏幕，也有可能是 xterm 屏幕），Curses 函数库使用两个数据结构来映射终端屏幕：stdscr 和 curscr。其中 stdscr 数据结构对应的是“标准屏幕”，它的工作原理和 stdio 函数库中的标准输出 stdout 非常相似，是 curses 程序中的默认输出插口。curscr 数据结构和 stdscr 相似，对应的是当前屏幕。

Curses 函数库在物理屏幕上能够同时显示多个不同尺寸的窗口。窗口是带有一个可寻址光标的实际物理屏幕的区域，由 Window 数据结构表示。标准屏幕 stdscr 是 Window 结构的一个特例。光标的坐标与窗口相关，可以到处移动窗口，也可以创建、删除窗口而不影响其他窗口。在窗口对象中，输入或输出操作发生在光标上，通常由输入或输出方法明确设置，但也可以分别修改。

当对使用 curses（或 ncurses）函数库的程序进行编译时，必须在代码中包含头文件 curses.h（或 ncurses.h），并在编译命令行中用“-lcurses”（或“-lncurses”）选项对函数库进行链接。所有 curses 程序必须以初始化函数 initscr 开始，以函数 endwin 结束。函数 initscr 在一个程序中只能调用一次。图 9 是一个使用 curses 函数库的典型例程。

2. GTK：基于 C 语言的通用图形库

GTK（GIMP Toolkit）是一套跨多平台的图形工具包，最初为 GIMP 所写，目前已发展为一个功能强大、设计灵活的通用图形库。特别是被 GNOME 选中使得 GTK+广为流传，成为 Linux

下开发图形界面应用程序的主流开发工具之一。

```
#include <unistd.h>
#include <stdlib.h>
#include<curses.h>

int mian( )
{
  intscr( );

  move(10, 10);
  printw("%s", "Hello World!");
  refresh( );

  endwin( );

  exit(0);
}
```

图 9　一个使用 curses 函数库的典型例程

GTK+采用具有 OO 特色（Object Oriented）的 C 语言开发框架，这使它在开发 GUI 应用程序时能和操作系统紧密结合。GTK+的开发语言为 C 语言，它简单易用，很多代码只需要简单的复制和更改即可完成，可以显著地节约开发时间，让开发人员把精力集中在项目真正重要和真正独特的地方，而不必重复公共的功能。GTK+是可移植的，用户可以在许多平台和系统上运行 GTK+。此外，开发人员可以把软件提供给众多用户，却只要编写一次程序，还可以使用许多不同的编程和开发平台、工具和编程语言。因此，GTK+拥有众多的拥护者和潜在用户。Linux 桌面环境 GNOME 就建立在 GTK+基础之上（见 1.2.2 节）。

GTK+与几个相关开发库的关系如图 10 所示，每层除了与其上下相邻的两层有联系外，似乎与其他层没有关系。但实际上，任何上层都可以调用下面各层提供的函数。例如，GTK+既可以调用 GDK 函数，也可以调用 glib 和 C 库函数。

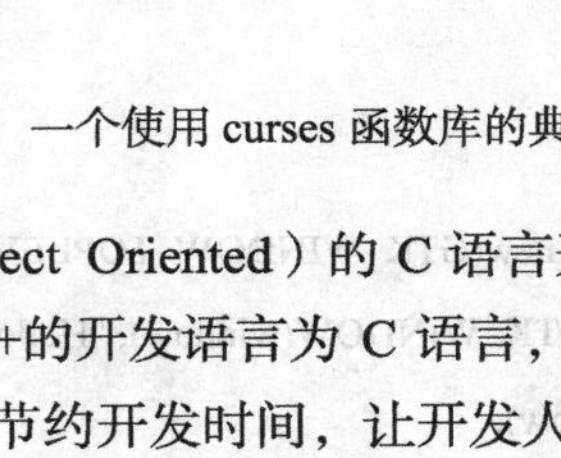

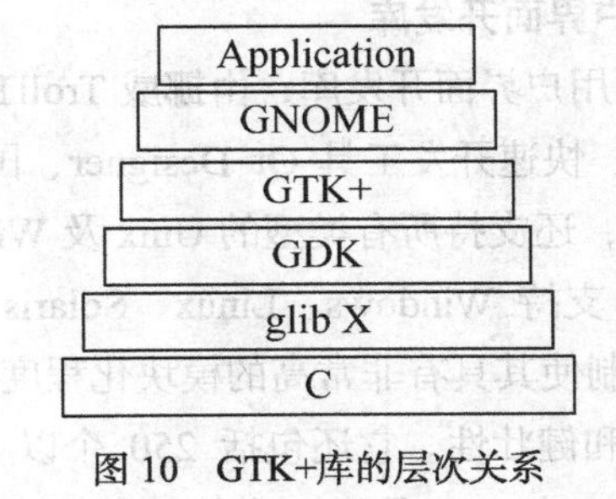

图 10　GTK+库的层次关系

最底层的 C 库函数包括标准 C 的库函数和 Linux 的系统调用。glib 是 GDK、GTK+、GNOME 应用程序常用的库，包含内存分配、字符串操作、日期和时间、定时器等库函数，也包括链表、队列、树等数据结构相关的工具函数。X 是控制图形显示的底层函数库，包括所有的窗口显示函数、响应鼠标和键盘操作的函数。GDK（GIMP 绘图包）是为了简化程序员使用 X 函数库而开发的。X 库是其底层函数库，GDK 对其进行了封装，从而使程序员的开发效率大大提高。GTK+把 GDK 提供的函数组织成对象，使用 C 语言模拟出面向对象的特征，使图形界面程序的开发更为简单和高效。GNOME 是对 GTK+的扩展，GNOME 桌面环境用来控制整个桌面。Application 即应用程序，完成窗口的初始化，创建并显示窗口，进入消息循环，等待用户使用鼠标或键盘进行操作。

GTK+基于 LGPL 授权，是自由软件，源代码开放，而且可以免费使用。学习 GTK+最好的方法是研究 GTK+源码包中的例程和其他应用 GTK+的开源软件源码包。图 11 是利用 GTK+编写的一个最基本的例子。

```
#include <gtk/gtk.h>


int main(int argc, char *argv[ ])
{
    GtkWidget *window;

    gtk_init(&argc, &argv);
    window = gtk_window_new(GTK_WINDOW_TOPLEVEL);
    gtk_window_set_title(GTK_WINDOW(window), "Hello World");
    gtk_widget_show(window);

    gtk_main( );

    return 0;
}
```

图 11　GTK+程序编写实例

3. Qt：基于 C++的图形用户界面开发库

Qt 是一个跨平台的 C++图形用户界面开发库，由挪威 TrollTech 公司出品，目前包括 Qt、基于 Framebuffer 的 Qt Embedded、快速开发工具 Qt Designer、国际化工具 Qt Linguist 等部分组成。Qt 不仅支持 Linux 操作系统，还支持所有类型的 Unix 及 Windows 操作系统。

Qt 具有优良的跨平台特性，支持 Windows、Linux、Solaris、SunOS、HP-UX、FreeBSD 等各种操作系统。它良好的封装机制使其具有非常高的模块化程度和可重用性，用 Qt 开发的图形用户界面程序具有良好的稳定性和健壮性。它还包括 250 个以上的 C++类，还提供基于模板的 collections、serialization、file、I/O device 等类，支持 2D/3D 图形渲染和 OpenGL。桌面环境

KDE（见 1.2.2 节）就是使用 Qt 作为底层库开发出来的。

Qt 有两套版本：商业版本和 LGPL 版本。其中 Qt 专业版和企业版是 Qt 的商业版本，提供给商业软件开发，并提供免费升级和技术支持服务；Qt 自由版是 Qt 的非商业版本，在 Qt 公共许可证和 GNU 通用公共许可证下，可以免费下载。

图 12 是一个简单的 Qt 程序。Qt 使用 C++面向对象编程语言作为其开发语言，尽管开发门槛比较高，但 KDE/Qt 的开发效率和质量比 GNOME 高。如果用户使用 C++，对库的稳定性、健壮性要求比较高，并且希望跨平台开发时，使用 Qt 是较好的选择。

```
#include <QApplication>
#include <QLabel>

int main(int argc, char *argv[ ])
{
    QApplication app(argc, argv);
    QLabel *label = new QLable("Hello World!");
    label->show( );
    return app.exec( );
}
```

图 12　Qt 编程实例

1.5　管理服务器

1.5.1　监控系统

在使用 Linux 服务器的过程中，不可避免地要知道机器的配置情况、有哪些程序运行、CPU 的使用情况等，这就需要利用相关工具或命令来获取系统的各种信息。有些 Linux 发行版会提供 GUI 程序来进行系统的监控，如 SUSE Linux 的 YaST、KDE 的 KDE System Guard 等。但这些工具只能在机器前操作，而且这些 GUI 程序会占用很多系统资源，极大地影响其他程序的运行，因此不适合 Linux 服务器的监控。

大多数 Linux 发行版都装备了大量的 Linux 系统监控工具，这些工具提供了能用于取得相关信息和系统活动的度量指标。充分合理地利用这些工具，可以找出系统运行的性能瓶颈及可能原因。这里简单介绍一些常用的 Linux 系统监控基本工具。

1. free

Linux 中使用 free 命令显示系统中所有空闲的、已使用的物理内存，swap 内存，以及被内核使用的缓存。如图 13 所示，第二行（Mem）表示物理内存统计，第三行（-/+ buffers/cache）表示物理内存的缓存统计，第四行（Swap）表示硬盘上交换分区的使用情况。

```
                    total       used       free     shared    buffers     cached
Mem:             65921184    4550444   61370740          0     146788    1412180
-/+ buffers/cache:           2991476   62929708
Swap:             1023992          0    1023992
```

图 13　free 命令的执行显示

Linux 为了提高磁盘和内存存取效率，除了对 dentry 进行缓存（用于 VFS，加速文件路径名到 inode 的转换），还采取了 Buffer Cache 和 Page Cache 两种 Cache 方式。前者针对磁盘块的读写，后者针对文件 inode 的读写。这些 Cache 能有效缩短 I/O 系统调用的时间。

2. iostat

iostat 命令用于显示存储子系统的详细信息，通常用它来监控磁盘 I/O 情况。iostat 在汇报磁盘活动统计情况的同时，也会输出 CPU 使用情况（如图 14 所示，类似于 uptime），但不能对某个进程进行深入分析，仅对系统的整体情况进行分析。使用该命令时要特别注意统计结果中的%iowait 值，该值太大时，表明系统存储子系统性能较低。

```
[ranzheng@unix1 ~]$ iostat
Linux 2.6.32-358.11.1.el6.x86_64 (unix1.andrew.cmu.edu)         11/17/2013      _x86_64_        (24 CPU)

avg-cpu:  %user   %nice %system %iowait  %steal   %idle
           3.76    0.06    0.17    0.03    0.00   95.97

Device:            tps   Blk_read/s   Blk_wrtn/s   Blk_read   Blk_wrtn
sda               5.38        76.43       590.82    1871824   14469036
dm-0             76.47        75.22       590.81    1842098   14468992
```

图 14　iostat 命令的执行情况

3. mpstat

mpstat 是 MultiProcessor Statistics 的缩写，是实时系统监控工具，用于报告 CPU 的一些统计信息，这些信息存放在/proc/stat 文件中。在多 CPUs 系统中，可以查看每个（或指定）CPU 的活动情况，以及整个主机的 CPU 情况。图 15 为使用 mpstat 命令查看多 CPUs 机器中指定 CPU 的活动情况，每隔 2 秒报告一次，一共执行 3 次。

```
[ranzheng@unix5 ~]$ mpstat -P 15 2 3
Linux 2.6.32-279.9.1.el6.x86_64 (unix5.andrew.cmu.edu)  11/17/2013      _x86_64_        (40 CPU)

12:17:33 PM  CPU    %usr   %nice    %sys %iowait    %irq   %soft  %steal  %guest   %idle
12:17:35 PM   15    0.00    0.00    0.00    0.00    0.00    0.00    0.00    0.00  100.00
12:17:37 PM   15    0.00    0.00    0.00    0.00    0.00    0.00    0.00    0.00  100.00
12:17:39 PM   15    0.00    0.00    0.00    0.00    0.00    0.00    0.00    0.00  100.00
Average:      15    0.00    0.00    0.00    0.00    0.00    0.00    0.00    0.00  100.00
```

图 15　用 mpstat 命令查看指定 CPU 的活动情况

4. pmap

pmap 命令可以报告某个或多个进程的内存使用情况。使用 pmap 可以判断主机中哪个进程因占用过多内存导致内存瓶颈。该命令需要进程 id 作为参数，执行方式为“pmap –x <pid>”。

5. ps 和 pstree

ps 和 pstree 命令是 Linux 系统管理员用得最多的命令之一，都可以用来列表正在运行的所有进程。ps 显示当前运行进程的快照，使用“-a”或“-e”等选项可以显示所有进程。pstree 以树形结构显示进程之间的依赖关系，包括子进程信息。一旦发现某个进程有问题，可以使用“kill”命令杀掉该进程。

6. strace

strace 经常被认为是程序员调试的工具。它可以截取和记录系统进程调用，以及进程收到的信号，是一个非常有效的诊断和调试工具。系统管理员可以通过该命令方便地解决程序问题，但在利用它跟踪某个进程时，会让该进程的性能变得非常差，这是 strace 的缺陷。使用该命令需要指明进程的 ID（PID），如 strace –p <pid>。

7. top 命令

top 命令是最流行的性能监视工具之一，提供系统整体性能，主要特色是显示系统当前的进程和其他状态。Top 命令提供实时的、系统处理器的状态监视，即它是一个动态显示的过程，可以通过按键不断地刷新当前状态。如果在前台执行该命令，它将独占前台，直到用户终止该程序。可以按 CPU 使用、内存使用和执行时间对任务进行排序，而且该命令的很多特性都可以通过交互式命令或在个人定制文件中设定。

图 16 为 top 命令的执行界面，被光标（图中浅灰色方块）分为两部分，光标以上部分由 5 行信息构成，显示系统的整体性能，包括系统运行情况、任务统计数据、CPU 状态、内存状态和 swap 交换分区信息。光标以下部分（第七行及以下）为各进程（任务）的状态监控，每行对应一个进程，依次显示进程 id、进程所有者、进程优先级、nice 值、进程使用的虚拟内存总量、进程使用但未被换出的物理内存大小、共享内存大小、进程状态、上次更新到现在的 CPU 时间占用百分比、进程使用的物理内存百分比、进程使用的 CPU 时间总计和进程名称。光标所在处（第六行浅灰色方块）可以输入操作命令，如“b”可以打开/关闭当前运行进程的加亮效果，“c”显示命令完全模式，“m”显示/隐藏内存状态信息，“i”只显示正在运行的进程等。

```
top - 17:59:10 up 13:53, 82 users,  load average: 1.92, 1.62, 1.45
Tasks: 1113 total,   3 running, 1110 sleeping,   0 stopped,   0 zombie
Cpu(s):  0.3%us,  0.1%sy,  4.4%ni, 95.1%id,  0.0%wa,  0.0%hi,  0.0%si,  0.0%st
Mem:  65921184k total,  4841000k used, 61080184k free,   143056k buffers
Swap:  1023992k total,        0k used,  1023992k free,  1438752k cached

  PID USER      PR  NI  VIRT  RES  SHR S %CPU %MEM    TIME+  COMMAND
20972 spdonega  25   5  722m 268m  31m R 99.6  0.4  77:17.90 simics-common
28444 vpm       25   5  712m 256m  33m R 76.6  0.4   1:30.94 simics-common
 8529 vpm       20   0  101m 4644 1156 S  6.6  0.0   0:04.86 sshd
30083 caryy     20   0  127m 4772 2040 S  3.0  0.0   0:00.16 zsh
 3605 amgutier  20   0  139m 4648 2904 S  2.0  0.0   0:01.95 vim
12097 apeterso  20   0 6823m 432m  15m S  1.0  0.7   1:08.70 java
25588 phx       20   0  140m 6184 2948 S  1.0  0.0   0:08.20 vim
30448 ranzheng  20   0 14584 2132  984 R  0.7  0.0   0:00.19 top
 3491 root      20   0     0    0    0 S  0.3  0.0   0:39.98 afs_rxlistener
12373 caryy     20   0  101m 1876  836 S  0.3  0.0   0:00.18 sshd
17246 chunyenc  20   0 99.1m 2768 1204 S  0.3  0.0   0:21.74 sshd
17501 chunyenc  20   0  397m  26m  13m S  0.3  0.0   0:57.26 gedit
29848 awalsman  20   0 3574m 135m  50m S  0.3  0.2   0:01.50 MATLAB
30249 aefernan  20   0  104m 2020 1520 S  0.3  0.0   0:00.02 bash
32138 jeberman  20   0  191m  16m 7308 S  0.3  0.0   0:04.96 python3
39905 anbangz   20   0 19.1g 135m  10m S  0.3  0.2   0:04.62 java
48544 rmchapma  20   0  139m 4780 2976 S  0.3  0.0   0:03.03 vim
```

图 16　top 命令执行界面

8. uptime

uptime 命令用于查看机器运行了多长时间，以及有多少个用户登录，快速获知服务器的负荷情况。也可以使用 uptime 命令来判断网络性能。例如，某个网络应用性能很低，通过运行 uptime 查看服务器的负荷是否很高，如果不是，那么问题应该是网络方面造成的。

9. vmstat

使用 vmstat 命令可以监控虚拟内存，提供关于进程、内存、内存分页、堵塞 I/O、traps 和 CPU 活动的信息。相比于 top 命令，可以看到整个机器的 CPU、内存、I/O 的使用情况，而不是单单看到各进程的 CPU 使用率和内存使用率。一般 vmstat 命令的使用通过两个数字参数完成，第一个参数是采样的时间间隔数（单位为秒），第二个参数为采样次数。图 17 为“vmstat 3 4”命令的执行结果，每隔 3 秒采集一次服务器状态，一共采集 4 次。这些信息可以用于平衡系统负载活动。

```
[ranzheng@unix1 ~]$ vmstat 3 4
procs -----------memory---------- ---swap-- -----io---- --system-- -----cpu-----
 r  b   swpd   free   buff  cache   si   so    bi    bo   in   cs us sy id wa st
 2  0      0 22027256  55684 1304548    0    0     2    13   48   13  3  0 96  0  0
 2  0      0 22027424  55692 1304548    0    0     0    31 2965  844  8  0 92  0  0
 2  0      0 22027304  55700 1304572    0    0     0    37 3110  906  8  0 92  0  0
 2  0      0 22027552  55700 1304572    0    0     0     0 2965  789  8  0 92  0  0
```

图 17　vmstat 命令的执行结果

1.5.2　配置网络

管理、维护一个安全的 Linux 服务器，首先要了解 Linux 环境下与网络服务相关的配置文件的含义及如何进行安全配置。在 Linux 系统中，网络通过若干文本文件进行配置，可以通过这些文件的编辑、修改来完成网络设置，也可以通过相关的配置命令来实现（最终是达到修改相关配置文件而起作用的）。

了解 Linux 网络配置文件极为重要，如何通过工具修改及如何生效，只有了解网络配置文件才能弄清楚。基本的 TCP/IP 网络配置文件及功能如表 6 所示。

表 6　　Linux 中基本的网络配置文件

网络配置文件	功 能 描 述
/etc/conf.modules	定义各种需要在启动时加载的模块的参数信息
/etc/HOSTNAME	包含系统的主机名称，包括完全的域名，如 linux.hust.edu.cn
/etc/sysconfig/network-scripts/ifcfg-ethN	RedHat 中系统网络设备的配置文件，每个文件对应一块网卡的配置信息，如 ifcfg-eth0 包含第一块网卡的配置信息
/etc/resolv.conf	域名解析器使用的配置文件
/etc/host.conf	指定如何解析主机名
/etc/sysconfig/network	指定服务器上的网络配置信息
/etc/hosts	在没有域名服务器时，通过该文件解析主机名对应的 IP 地址

Linux 存在很多发行版本，也都有自己的专用配置工具，但也有通用配置工具，如 ifconfig、ifup、ifdown 等。下面介绍几种常用的网络配置工具。

1. 用于基本接口与 IP 配置的 ifconfig

ifconfig 是一个用来查看、配置、启动或禁用网络接口（包括 IP 地址、掩码、网关、物理地址等）的工具，极为常用。可以用这个工具为网卡指定 IP 地址，它只是用来调试网络，并不会更改系统关于网卡的配置文件。如希望把网络接口的 IP 地址固定下来，有 3 种方法：①通过各个发行版本专用的工具来修改 IP 地址；②直接修改网络接口的配置文件；③修改特定的文件，加入 ifconfig 指令来指定网卡的 IP 地址。

ifconfig 配置网络接口的方法是通过指令的参数达到目的。一些常用的指令如下所述。

- 查看网络接口状态：如果不加任何参数，就会输出当前网络接口的情况。
- 打开或关闭适配器：ifconfig <网络名><up|dowm>。
- 为适配器分配 IP 地址：ifconfig <网络名> <ip 地址>。
- 为适配器分配第二个 IP 地址：ifconfig <网络名: 实例数> <ip 地址>。

2. 测试网络连通性的 ping

ping 是个使用频率极高的实用程序，用于确定本地主机是否能与另一台主机交换（发送与接收）数据报。执行 ping 指令会使用 ICMP 传输协议发出要求回应的信息，若远端主机的网络功能没有问题，就会回应该信息，从而推断远端主机运行正常。但成功地与另一台主机进行一次或两次数据报交换，并不表示 TCP/IP 配置就是正确的，必须执行大量的本地主机与远程主机的数据报交换，才能确信 TCP/IP 的正确性。

ping 命令能协助用户分析网络，几种常用的分析及使用方法如下所述。

- 测试本机网卡是否工作正常：输入“ping 127.0.0.1”，如多次出现“Request timeout”，则说明网卡工作不正常，或是本机的网络设置有问题。
- 检验网关配置：用“ping 域外主机 IP”的方法可以检验网关的配置是否正确，可以查看从网络内主机向域外主机发送 IP 包的情况，判断配置结果。
- 测试 DNS 服务器是否能够 ping 通：执行“ping DNS 服务器 IP 地址”，如果成功，表明 DNS 服务器工作正常，如果出现“Request timeout”错误，就表明在浏览器中输入域名将不能访问网站。
- 测试 DNS 服务器配置是否正确：采用“ping 任一域名”的方法来查看 DNS 服务器配置是否正确。如果可以将该域名解析成一个 IP 地址，并返回测试信息，说明配置无误；如果出现“unknown Host Name”的提示，则说明 DNS 配置出错。
- 测试某主机域名对应的 IP：当需要获取某一服务器的 IP 地址时，可以执行“ping 服务器域名”命令，返回的结果中就有该服务器对应的 IP 地址。

3. 检测本机各端口网络连接情况的 netstat

netstat 命令用于显示各种网络相关信息，如网络连接、路由表、接口状态、masquerade 连接、多播成员等，一般用于检验本机各端口的网络连接情况。netstat 的输出结果分为两部分：一个是 Active Internet connections，称为有源 TCP 连接；一个是 Active UNIX domain sockets，称为有源 Unix 域套接口（和网络套接字一样，但只能用于本机通信）。

netstat 命令中，一些常用的选项有如下各项。

- -s：按照各个协议分别显示统计数据。如应用程序运行速度较慢时，就可以用该选项查看所显示的信息，找到错误之处，进而确定问题所在。
- -e：显示关于以太网的统计数据。它列出的项目包括传送数据报的总字节数、错误数、删除数、数据报数量等。这些统计数据不仅包括发送的数据报数量，还包括接收数量，可以用于统计一些基本的网络流量。
- -r：显示关于路由表的信息，类似于使用 route 命令时看到的信息。除了显示有效的路由外，还显示当前有效的连接。
- -a：显示所有的有效连接信息列表，包括已建立的连接，也包括监听连接请求的连接。
- -n：显示所有已建立的有效连接。

4. 跟踪路由的 traceroute

traceroute 指令用于追踪网络数据包的路由途径。traceroute 通过发送小的数据包（预设数据包大小是 40byte，也可以自行设置）到目的设备，直到其返回，来测量其需要多长时间。一条路径上的每个设备要测 3 次。输出结果中包括每次测试的时间、设备的名称和 IP 地址。

traceroute 的基本原理是发出 TTL 字段为 1-n 的 ip 包，然后等待路由器的 ICMP 超时回复，进而记录经过的路由器。traceroute 可以在 ip 包中存放 3 种数据：UDP 包（默认选项“-U”）、TCP 包（选项“-t”）、ICMP 包（选项“-I”），每个包 traceroute 都发 3 次。

5. 显示和操作路由的 route

route 命令用于显示和操作 IP 路由表。要实现两个不同的子网之间的通信，需要一台连接两个网络的路由器，或者同时位于两个网络的网关来实现，这时可以执行 route 命令来添加路由，但此时添加的路由信息不会永久保存，当网卡重启或机器重启之后，该路由就失效了；要想永久保存，有如下 3 种方法。

- 在/etc/rc.local 中添加路由信息。
- 在/etc/sysconfig/network 中添加到末尾。
- 在/etc/sysconfig/static-router 中添加：any net x.x.x.x/24 gw y.y.y.y。

1.5.3 确保安全

Linux 是一种类 Unix 的操作系统。从理论上讲，Unix 本身的设计没有什么重大的安全缺陷。而 Linux 是一个开放的系统，可以在网络上找到许多现成的程序和工具，这在方便用户的同时，也方便了黑客。在 Linux 系统中，更多的安全问题是由于配置不当造成的，服务器上运行的服务越多，不当的配置出现的机会也就越多，出现安全问题的可能性就越大，因此只要仔细设定 Linux 的各种系统功能，并且加上必要的安全措施，就能让黑客无机可乘，确保系统安全。

一般情况下，对 Linux 系统的安全设定主要包括以下几个方面。

1. 取消不必要的服务

早期的 Unix 版本中，每个不同的网络服务都有一个服务程序在后台运行，后来的版本用统一的/etc/inetd 服务器程序担此重任。inetd 是 Internetdaemon 的缩写，它同时监视多个网络端口，一旦接收到外界传来的连接信息，就执行相应的 TCP 或 UDP 网络服务。

受 inetd 的统一指挥，Linux 的大部分 TCP 或 UDP 服务都在/etc/inetd.conf 文件中设定。取消不必要服务的第一步就是检查这个文件，在不要的服务前加上“#”号。通常，除了 http、smtp、telnet 和 ftp 之外，其他服务都应该取消。一些报告系统状态的服务（如 systat、netstat 等），虽然对系统纠错非常有用，但也给了黑客以可乘之机，因此可以将这些服务全部或部分取消，以增强系统的安全性。

inetd 除了利用/etc/inetd.conf 设置系统服务项之外，还利用/etc/services 文件查找各项服务使用的端口。因此，还需仔细检查/etc/services 文件中各端口的设定，以免有安全上的漏洞。

2. 限制系统的出入

所有用户都需要输入账号和密码，并通过系统验证后才能进入 Linux 系统。Linux 将加密的密码存放在/etc/passwd 文件中，所有用户都可以读该文件。虽然保存的密码已经加密，但仍不太安全，用户可以利用密码破译工具猜测出密码。可以设定影子文件/etc/shadow，只允许有特殊权限的用户阅读该文件。

在 Linux 系统中，必须将所有的公用程序重新编译，才能支持影子文件。这种方法比较麻烦，简单的方法是采用插入式验证模块（PAM）。它是一种身份验证机制，可以动态改变身份验证的方法和要求，而不要求重新编译其他公用程序；它还可以将传统的 DES 加密方法改写为其他功能更强的加密方法，以确保用户密码不会轻易破译；它可以设定每个用户使用电脑资源的上限，甚至设定用户的上机时间和地点。因此，安装和设定 PAM，能极大地提高 Linux 系统的安全性，并阻挡很多系统攻击。

3. 保持最新的系统核心

Linux 系统为开源软件，经常有更新的程序和系统补丁出现。为了加强系统安全，一定要经常更新系统内核。用户可以在 Internet 上访问安全新闻组，查阅最新的安全修补程序。

Kernel 是 Linux 操作系统的核心，它常驻内存，用于加载操作系统的其他部分，并实现操作系统的基本功能。Kernel 的安全性对整个系统安全至关重要。在设定 Kernel 功能时，可以只选择必要的功能，否则会使 Kernel 变得很大，既占用系统资源，也给黑客留下了可乘之机。

4. 检查登录密码

设定登录密码是 Linux 安全的一个基本起点。密码如果过于简单，将很容易被黑客破解。让每个用户设置不易猜出的密码，将大大提高系统的安全性。较好的密码是只有用户自己容易记住并理解的一串字符。

5. 增强安全防护工具

SSH 是安全套接层的简称，SSH 采用公开密钥技术对网络上两台主机之间的通信信息进行加密，并且用其密钥充当身份验证的工具，可以安全地取代 rlogin、rsh 和 rcp 等公用程序。SHH 将网络上的信息加密，可以安全地登录到远程主机上，并且在两台主机之间安全地传送信息。SSH 不仅可以保障 Linux 主机之间的安全通信，Windows 用户也可以通过 SSH 安全地连接到 Linux 服务器上。

6. 限制超级用户的权力

root 是 Linux 保护的重点，最好不要轻易将超级用户授权出去。但有些程序的安装和维护必须要有超级用户的权限，在这种情况下，可以利用 sudo 工具让这类用户有部分超级用户的权限。

Sudo 程序允许一般用户经过组态设定后，以自己的密码再登录一次，取得超级用户的权限，但只能执行有限的几个命令。如应用 sudo 后，可以取得超级用户权限执行文档备份工作，但却没有特权做其他只有超级用户才能做的工作。

7．检查日志关注可疑操作

Linux 系统的日志文件是检测是否有黑客入侵的重要线索。Linux 系统提供了各种系统日志文件，包括一般信息日志、网络连接日志、文件传输日志和用户登录日志等。可以通过检查这些日志，发现不合常理的可疑状况，如从陌生的网址进入系统、非法使用或不正当使用超级用户权限 su 的指令、多次密码输入错误等，以便采取相应的对策防范未然。

第 2 章 实验进阶——深入 Linux

2.1 系统初始化

2.1.1 开机启动流程

开机过程指的是从打开计算机电源到 Linux 显示用户登录界面的全过程。分析 Linux 开机过程是深入了解 Linux 工作原理的一部分。

当打开计算机电源时，计算机会首先启动并加载 BIOS。BIOS 中包含了 CPU 的相关信息、设备启动顺序信息、硬盘信息、内存信息、时钟信息等。BIOS 首先检测连接的硬件（如显卡、内存、磁盘等），获取设备信息以便提供给即将启动的操作系统；接着寻找启动磁盘。一旦找到，BIOS 就会继续寻找启动扇区，从启动扇区中找到操作系统内核启动系统。在 BIOS 阶段，计算机的行为基本上被固定，用户所做的事情并不多。但一旦进入操作系统，用户几乎可以定制所有内容。

常用的 Linux 的引导程序有两种：LILO 和 GRUB。LILO（Linux Loader）是用于 Linux 的、灵活多用的引导装载程序，已经成为所有 Linux 发行版的标准组成部分。LILO 不依赖于某一特定文件系统，能够从软盘和硬盘引导 Linux 内核映像，甚至还能引导其他操作系统。

GRUB（GRand Unified Bootloader）是一个多重启动管理器，能通过连锁载入引导装载程序来载入多种免费和专有操作系统。GRUB 可以引导的操作系统包括 FreeBSD、Solaris、NetBSD、OS/2、Windows 等，现在绝大多数 Linux 系统都采用 GRUB 作为引导程序。

根据 GRUB 设定的内核映像所在路径，系统读取内核映像，并进行解压缩操作，当解压缩内核完成后，系统将解压后的内核放在内存中，并启动一系列初始化函数初始化各种设备，主要包括以下操作。

（1）在屏幕上打印当前的内核版本信息。

（2）设置系统结构。

（3）初始化系统的调度机制：先对每个可用 CPU 上的 runqueque 进行初始化；然后初始化 0 号进程为系统 idle 进程，即系统空闲时占据 CPU 的进程。

（4）解析系统启动参数。

（5）设置系统中断向量表，然后初始化系统调用向量，最后完善对 CPU 的初始化，以便支持进程调度机制。

（6）初始化系统中的 Read-Copy Update 互斥机制。

（7）初始化用于外设的中断，完成对 IDT 的最终初始化过程。

（8）分别初始化系统的定时器机制、软中断机制，以及系统日期和时间。

（9）初始化物理内存页面的 page 数据结构描述符，完成对物理内存管理机制的创建。

（10）完成对通用 slab 缓冲区管理机制的初始化工作。

（11）计算当前系统的物理内存容量能够允许创建的进程（线程）数量。

（12）对各种管理机制建立专用的 slab 缓冲区队列。

（13）对虚拟文件系统/proc 进行初始化。

（14）创建第一个系统内核线程（即 1 号进程），负责下一阶段的启动任务。

（15）进入系统主循环体，默认执行 CPU 的 halt 指令，直到就绪队列中存在其他进程需要被调度时，才转向执行其他函数。

至此，系统中唯一存在就绪状态的进程是 init 进程（内核线程），意味着 Linux 内核已经建立，基于 Linux 的程序可以正常运行了。

接下来由 init 进程建立 Linux 使用环境。该进程会读取/etc/inittab 文件，依据该文件的信息进行初始化工作：执行/etc/rc.d/rc.sysinit、/etc/rc.d/rc 和/etc/rc.d/rc.local 3 个脚本。

/etc/rc.d/rc.sysinit 建立系统的基本环境，使的用户程序可以正常执行。它执行的操作有如下各项。

（1）对外部设备进行全面的初始化。

（2）构建系统的虚拟文件系统目录树，挂载系统中作为根目录的设备。

（3）打开设备/dev/console，并复制两次，使得文件号为 0，1，2 的 3 个文件全部指向控制台。这 3 个文件连接就是通常所说的 3 个标准 I/O 通道：“标准输入”（stdin）、“标准输出”（stdout）和“标准出错信息”（stderr）。

（4）用户层的初始化阶段：内核加载执行用户层初始化程序。

/etc/rc.d/rc 用于设置启动级别。Linux 有许多不同的启动级别，不同的启动级别会指定不同的服务，Linux 的启动级别如表 7 所示。根据 inittab 中指定的 rc 参数对应执行/etc/rc.d/rc[0-6].d/中的链接脚本文件。

表 7　Linux 的启动级别

启动级别	服务类型
0	关机
1	单用户模式
2	无网络支持的多用户模式
3	有网络支持的多用户模式
4	保留，未使用
5	有网络支持、有 X-Window 支持的多用户模式
6	重新引导系统，即重启

rc.local 是在一切初始化工作后，Linux 留给用户进行个性化设置的地方，即如果希望在启动过程中进行个性化设置，或放置其他的启动程序，可将其放置在/etc/rc.d/rc.local 中执行。

3 个脚本执行完成后，就会建立虚拟主控制台。执行/bin/login 提供用户登录界面，这时就可以用账号登录系统了。至此，用户环境的初始化工作全部完成。

2.1.2　开机服务与守护进程

Linux 系统在引导过程中会开启很多系统服务，它们面向应用程序提供 Linux 的系统功能接口。提供这些服务的程序由运行在后台的守护进程（daemon）执行。守护进程一般在系统引导时启动，在系统关闭时终止。为了增加灵活性，root 可以选择系统开启的模式，这些模式叫做运行级别，每一种运行级别以一定的方式配置系统。

在 Linux 中，每个从终端开始运行的进程都会依附于该终端（进程的控制终端）。当控制终端被关闭时，相应的进程就会自动结束。守护进程能突破这种限制，从被执行开始运行，直到整个系统关闭时才退出。它独立于控制终端，并且周期性地执行某个任务或等待处理某些发生的事件，这是为了避免进程在执行过程中的信息在任何终端上显示，以及进程的执行不被任何终端所产生的信息打断。因此，如果想让某个进程不受外界因素（如用户、终端等）的影响，就必须把这个进程变为守护进程。

Linux 系统有很多守护进程，大多数服务器都用守护进程实现。根据守护进程的启动和管理方式，可以分为如下两种。

1．独立启动（Stand-alone）模式

这类进程采用 Unix 传统的 C/S 访问模式。服务器在指定的端口上监听并等待客户端的联机，如果客户端产生一个连接请求，守护进程创建一个子服务器响应该连接，而主服务器继续监听，等待下一个客户端请求。这类进程启动后常驻内存，这样接受到请求时能实现快速响应（如 httpd 进程），但会因常驻内存而一直占用系统资源。

独立运行的守护进程由 init 脚本负责管理，所有独立运行的守护进程的脚本在/etc/rc.d/init.d/目录下。系统服务都是独立运行的守护进程，由/etc/rc.d/下对应的运行级别中的符号链接启动。

2．超级守护（xinetd）模式

为了解决资源浪费的问题，Linux 引进了“网络守护进程服务程序”的概念，即 xinetd（eXtended InterNET Daemon）模式。xinetd 能同时监听多个指定的端口，在接受用户请求时，根据用户请求端口的不同，启动不同的网络服务进程来处理这些用户请求。可以把 xinetd 看作一个管理启动服务的管理服务器，它决定把一个客户请求交给哪个程序处理，然后启动相应的守护进程。这种模式的优点是最初只有 xinetd 一个进程占用系统资源，其他内部服务并未启动（不占有资源），只有请求到来时才会被唤醒。并且，还可以通过 xinetd 对它所管理的内部服务（进程）设置一些访问权限，增加一层管理机制。

xinetd 管理的守护进程位于/etc/xinetd.d/目录下。

与 stand-alone 模式相比，运行单个 xinetd 就可以同时监听所有服务端口，能降低系统开销，保护系统资源。但当访问量大、经常出现并发访问时，xinetd 需要频繁启动对应的网络服务进程，反而会导致系统性能下降。

在终端模式下，执行 pstree 命令可以看到两种不同方式启动的网络服务。一般说来，负载较高的服务（如 sendmail、Apache）需要单独启动，而其他服务类型因负载低，则可以使用 xinetd 超级服务器管理。

Linux 提供了 3 种不同的守护进程管理工具，redhat-config-services、ntsysv 和 chkconfig，可以根据具体需要灵活运用。

编写守护进程的一般步骤如下所述。

（1）在父进程中执行 fork，并执行 exit 退出。父进程先于子进程退出，会造成子进程成为孤儿进程。而系统发现孤儿进程时，会自动让 1 号进程（init）收养，即子进程变为 init 进程的子进程。

（2）在子进程中调用 setsid 函数创建新的会话。父进程虽然退出了，但子进程仍继承了父进程的会话期、进程组和控制终端等，利用 setsid 函数可以让子进程摆脱其他进程的控制，完全独立出来。

（3）在子进程中调用 chdir 函数，让根目录“/”成为子进程的工作目录。因为子进程继承了父进程的当前工作目录，而进程运行时当前目录所在的文件系统是不能卸载的，这将对以后的使用造成麻烦，因此需要修改当前工作目录。

（4）在子进程中调用 umask 函数，为该进程设置文件权限掩码为 0。将文件权限掩码设置为 0，将大大增强该守护进程的灵活性。

（5）在子进程中关闭任何不需要的文件描述符。子进程从父进程继承了一些已经打开了的文件，这些文件可能永远不会被守护进程读写，因此需要关闭这些文件。

这样，一个守护进程就建立起来了。

2.1.3 自动执行程序

在 Linux 系统使用过程中，经常需要自己写一些脚本，用来启动、停用某些服务，或完成特定的功能。用户往往希望这些工作能在 Linux 系统启动或用户登录时自动运行，而非手工执行，这就需要系统在必要时刻能自动执行这些脚本程序。Linux 下设置自动启动脚本的方法有以下几种。

1. 开机启动时自动运行程序

Linux 启动时，运行的第一个进程是 init，它根据配置文件继续引导，启动其他进程。通常情况下，Linux 在启动时，会自动执行/etc/rc.d 目录下的初始化程序，可以把启动任务放到该目录下，有以下两种办法。

（1）修改/etc/rc 或/etc/rc.d 或/etc/rc[0-6].d 目录下的脚本文件，将自己写好的脚本或命令加入文件尾部，系统会根据该文件来启动所指定的脚本或命令。如在文件末尾加上一行指令“xinit”或“startx”，下次开机启动时将直接进入 X-Window。

（2）/etc/init.d 是/etc/rc.d/init.d 的软链接，该目录下存放的都是可执行程序，其实是服务脚本，一般是 Linux 以 RPM 包安装时设定的一些服务的启动脚本，执行这些脚本可以用来启动、停止或重启这些服务。Linux 在启动时会自动执行这些服务脚本，因此可以在/etc/rc.d/init.d 目录下增加自己的服务脚本。

chkconfig 命令提供一种简单的命令行工具，来帮助管理员对/etc/rc[0-6].d 目录层次下的众多的符号链接进行直接操作。它可以方便地设置各个系统运行级别启动的服务。该命令不用在/etc/rc[0-6].d 目录下直接维护配置信息，而是直接在/etc/rc[0-6]下管理链接文件。Linux 启动程序根据运行级别目录下的配置信息决定初始化时启动哪些服务。

将服务脚本增加到/etc/init.d 目录下后，利用 chkconfig 命令在 chkconfig 工具服务列表中增加该服务：chkconfig –add servicename。如果需要，还可以修改服务的默认启动级别，如命令"chkconfig –level 235 vsftpd on"表示在执行等级 2、3、5 时，开启 vsftpd 系统服务。

2. 登录时自动运行程序

用户登录时，bash 首先自动执行系统管理员建立的全局登录脚本/etc/profile，然后在用户主目录下按顺序查找 3 个特殊文件中的一个：/home/username/.bash_profile、/home/username/.bash_login、/home/username /.profile，但只执行最先找到的那个。

因此，根据实际需要在上述文件中加入脚本或命令即可实现登录时自动运行程序的功能。在.bash_profile 中加载脚本或命令，可以让用户登录时自动运行某些程序，但这种方式只在单用户 login 时启动，并不是在 Linux 启动时启动。

3. 退出系统时自动执行程序

/home/username/.bash_logout 文件在每次退出 Shell 时读取。如果需要在退出系统时执行一些命令，如清除一些临时文件、日志或备份一些重要数据，可以把命令写入该文件。如在文件尾加入命令"tar –cvzf source.tgz *.c"，将在每次退出系统时自动执行"tar"命令备份*.c 文件。

该文件并非一定存在，如果没有该文件，意味着退出系统时没有指定的额外命令需要执行。

4. 定期自动运行程序

Linux 的守护程序 cron 用于在某个周期定时运行命令或程序，是 Linux 系统中用得较多的工具之一。该程序周期性检查/etc/crontab 和/va/spool/cron 目录下的配置文件，来确定某个时间运行某个程序或命令。用户可以通过 crontab 命令来建议、修改、删除这些命令文件。

每个用户都有自己独立的 crontab 配置文件，但一般不能直接对其进行编辑，如需添加、修改任务，需要利用 crontab 命令来操作。如建立文件 crondFile，设置其内容为"00 8 25 Dec * HappyChristmas"，执行命令"crontab cronFile"后，系统会在 12 月 25 日上午 8 点自动执行名为"HappyChristmas"的程序（'*'表示不管当天是星期几）。

5. 定时自动运行程序一次

Linux 的"at"命令可以让用户指定在某个特定时刻执行某个程序或指令，但它在给定的时间只执行一次，不自动重复（crontab 可用来调度重复任务）。at 命令的一般格式为：at [-f file] time，表示在指定的时间执行 file 文件中给出的所有命令。也可以直接从键盘输入。

2.2 系统调用

2.2.1 系统调用的实现过程

对于现代操作系统，系统调用是一种内核与用户空间通信的普遍手段。系统调用有效地分离了用户程序和内核的开发，用户程序只需关注系统调用接口，通过系统调用接口在自己的应用程序中使用硬件设备，而不用关心具体的实现，这样大大简化了用户程序的开发；而只要操作系统提供的系统调用接口相同，用户程序无须任何修改，即可方便地迁移到另一个操作系统，即系统调用增强了用户程序的可移植性。与此同时，操作系统内核只需关心系统调用的实现，而不考虑它们如何被调用，而且内核可以通过系统调用来控制提供给用户程序的功能和权限，更好地实现用户程序的管理，从而增强了系统的稳定性。

一般情况下，进程不能访问内核，包括内核所占的内存空间和内核函数。系统调用是这些规则的一个例外，系统调用一般通过 CPU 的软中断指令，实现从用户态到内核态的调用。这只是一种由应用程序主动发起的模式切换，这时程序会调用一个特殊的指令，该指令会跳到事先定义的内核中的一个位置（这个位置用户进程可读但是不可写）。在 Intel CPU 中，这个操作由中断 0x80 实现。一旦跳到这个位置，就意味着不在限制模式下运行，而是作为操作系统的内核来执行程序。软中断处理程序执行完毕后返回，重新切换回用户态，实现系统调用的返回。以 getuid()系统调用为例，系统调用过程如图 18 所示。

Linux 上的系统调用主要实现以下几个步骤。

1. 通知内核调用哪个系统调用

Linux 为每个系统调用都进行了编号（0-NR_syscall），同时在内核中保存了一张系统调用表（sys_call_table），该表保存了系统调用编号和其对应的服务例程，在系统陷入内核前，需要把系统调用号传入内核。在 x86 架构中，用户空间在执行 int 0x80 前将系统调用号装入寄存器 EAX 中，系统调用处理程序一旦运行，可以从 EAX 中取得系统调用号，然后计算生成偏移地址，再以 sys_call_table 为基址，加上偏移地址，就可以得到具体的系统调用服务例程的地址。然后系统调用该服务例程。

系统调用号定义在内核代码：arch/x86/include/asm/unistd.h 中。

2. 用户程序把系统调用的参数传递给内核

除了需要传递系统调用号以外，许多系统调用还需要传递一些参数到内核，如 sys_write (unsigned int fd, const char * buf, size_t count)调用就需要传递文件描述符 fd、需写入的内容 buf，以及写入字节数 count 等到内核。Linux 有 6 个寄存器可用于传递这些参数：EAX（存放系统调用号）、EBX、ECX、EDX、ESI 和 EDI，并按字母递增顺序分别存放这些额外的参数。具体做法是在 system_call( )中使用宏 SAVE_ALL 把这些寄存器的值保存在内核态堆栈中。当参数较多时，需要用一个单独的寄存器存放指向用户空间中所有参数地址的指针。

通常系统调用都通过 C 库（最常用的是 glibc 库）来访问，Linux 内核提供一个从用户程序直接访问系统调用的方法。

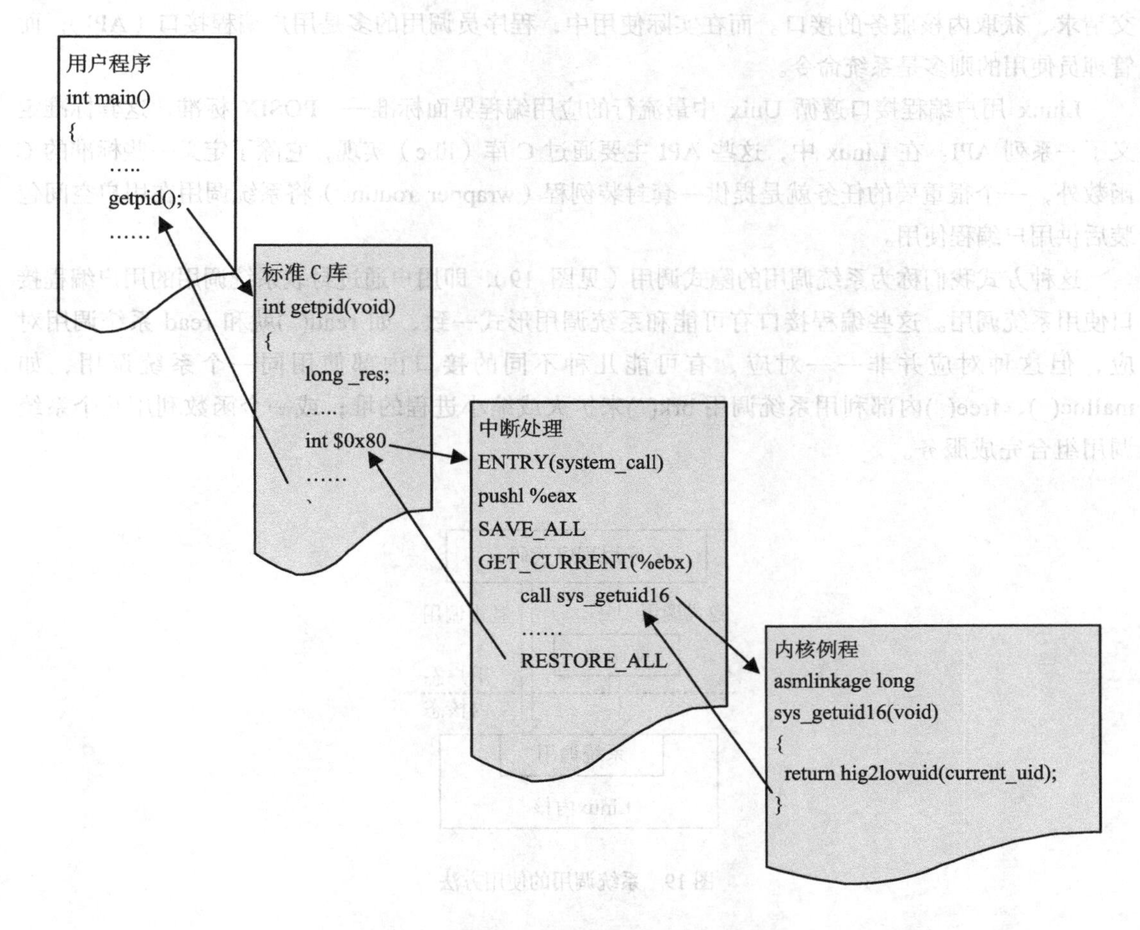

图 18 getuid()系统调用过程

3. 用户程序获取内核返回的系统调用返回值

当服务例程结束时，system_call( )从 EAX 寄存器获得系统调用的返回值，并把这个返回值存放在曾保存用户态 EAX 寄存器栈单元的位置，然后跳转到 ret_from_sys_call( )，终止系统调用处理程序的执行。

当进程恢复到它在用户态的执行前，宏 RESTORE_ALL 会恢复用户进入内核前被保留到堆栈中的寄存器值。其中 EAX 返回时带回系统调用的返回码（0 或正数说明正常完成，负数则表示调用错误）。

Linux 系统调用很多地方继承了 Unix 的系统调用（但不是全部），相比传统 Unix 的系统调用，Linux 省去了许多冗余的系统调用，仅保留了最基本和最有用的，Linux 全部系统调用大约在 300 个左右。

2.2.2 系统调用的使用方法

在 Linux 系统中，用户程序可以通过隐式调用或显式调用两种方式使用系统调用。

系统调用并非直接和程序员或系统管理员打交道，它仅仅是一个通过软中断机制向内核提交请求、获取内核服务的接口。而在实际使用中，程序员调用的多是用户编程接口（API），而管理员使用的则多是系统命令。

Linux 用户编程接口遵循 Unix 中最流行的应用编程界面标准——POSIX 标准，这套标准定义了一系列 API。在 Linux 中，这些 API 主要通过 C 库（libc）实现，它除了定义一些标准的 C 函数外，一个很重要的任务就是提供一套封装例程（wrapper routine）将系统调用在用户空间包装后供用户编程使用。

这种方式我们称为系统调用的隐式调用（见图 19），即用户通过封装系统调用的用户编程接口使用系统调用。这些编程接口有可能和系统调用形式一致，如 read( )就和 read 系统调用对应，但这种对应并非一一对应，有可能几种不同的接口内部使用同一个系统调用，如 malloc( )、free( )内部利用系统调用 brk( )来扩大或缩小进程的堆；或一个函数利用几个系统调用组合完成服务。

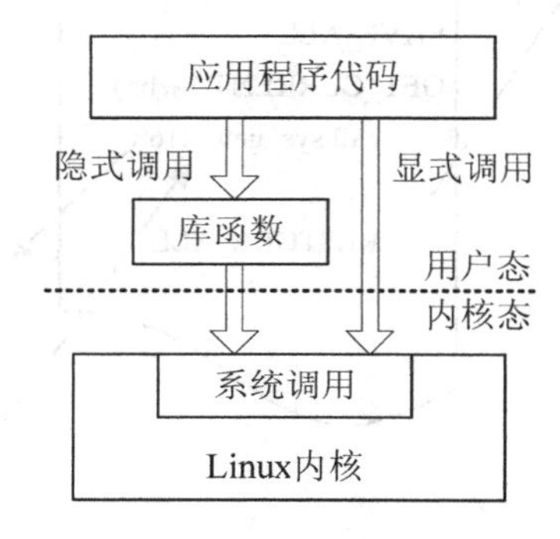

图 19　系统调用的使用方法

系统调用和普通的函数调用非常相似，区别仅仅在于：系统调用由操作系统核心提供，运行于核心态；而普通的函数调用则由函数库或用户自己提供，运行于用户态。Linux 核心还提供了一些 C 语言函数库，对系统调用进行了包装和扩展。实际上，很多常用的 C 语言标准函数，在 Linux 平台上的实现都是靠系统调用完成的；系统调用是简洁、有效地实现用户想法的一种途径。

系统命令相对编程接口更高了一层，它是内部引用 API 的可执行程序，如常用的系统命令 ls、hostname 等。Linux 的系统命令格式遵循系统 V 的传统，多数放在/bin 和/sbin 下。可以通过执行 strace 命令查看它们用到的系统调用，会发现诸如 open、brk、fstat、ioctl 等系统调用被用在系统命令中。

操作系统中系统调用的封装并非必须，也可以采用直接调用的方式使用，即显示系统调用方式（见图 19）。Linux 内核提供 syscall( )函数来实现调用，这个函数调用在内核代码的 syscall.h 中定义：int syscall(int number, ...)。其中，number 为系统调用号，即所用系统调用对应的编号，在 unistd.h 头文件中定义。当需要系统调用时，直接使用 syscall( )函数，指明需要的系统调用号 number 即可。

图 20 中的例子显示了通过 C 函数库的隐式系统调用和 syscal( )显式系统调用程序上的区别。

```
#include <syscall.h>
#include <unistd.h>
#include <stdio.h>
#include <sys/types.h>

int main(void) {
    long ID1, ID2;

    ID1 = syscall(SYS_getpid);   /* 显式系统调用*/
    printf ("syscall(SYS_getpid)=%ld\n", ID1);

    ID2 = getpid();              /* 使用"libc"封装的隐式系统调用 */
    printf ("getpid()=%ld\n", ID2);

    return(0);
}
```

图 20　两种系统调用例子

系统调用通过内核函数访问系统服务和硬件设备。内核函数和普通函数很像，只不过在内核实现，因此要满足一些内核编程的要求。系统调用是用户进入内核的接口，它本身并不是内核函数。系统调用进入内核后，会找到对应的内核函数，即系统调用服务例程。如系统调用 getpid 实际上就是调用内核函数 sys_getpid。Linux 系统中存在许多内核函数，有些是内核文件自己使用的，有些则是可以 export 出来供内核其他部分共同使用的。总而言之，从用户角度向内核看，依次是系统命令、编程接口、系统调用和内核函数。

2.2.3　系统调用的添加步骤

Linux 的运行空间分为内核空间和用户空间，它们各自运行在不同的级别中，逻辑上相互隔离。通常情况下，用户进程不允许直接访问内核数据，也无法直接使用内核函数，必须通过系统调用获得系统服务。系统调用规定了用户进程进入内核的具体位置和访问路径，防止内核数据及资源被非法访问，从而提高了系统的安全性。同时，在内核提供系统服务，能有效地避免陷入/返回和系统调用处理程序带来的花销，提高应用效率。因此，作为 Linux 的使用者、程序员或管理员，必须掌握和了解 Linux 系统调用的使用和添加方法。

Linux 系统调用的添加并不需要关注程序如何从用户空间转换到内核空间，以及系统调用处理程序如何执行，只需遵循几个固定的步骤完成操作。主要包括 4 个步骤：编写系统调用服务例程；添加系统调用号；修改系统调用表；重新编译内核，并测试新添加的系统调用。

1. 编写系统调用服务例程

系统调用程序的实现代码在 arch/x86/kernel/sys.c 中定义。编写加到内核中的源程序，就是在该文件中增加一个函数，该函数的名称是新的系统调用名称，前面加上“sys_”标志。假设新增加的系统调用名为 mysyscall，则需在 sys.c 中添加的源代码如图 21 所示。

```
asmlinkage long sys_mysyscall(const char __user *_name) {
     char *name;
     long ret;

     name = strndup_user(_name, PAGE_SIZE);
     if (IS_ERR(name)) {
          ret = PTR_ERR(name);
          goto error;
     }

     pringf("Hello, %s! This is my new syscall.\n", name);
     return 0;
error:
     return ret;
}
```

图 21　在 sys.c 中添加 mysyscall 函数源代码

编写系统调用服务例程时，必须仔细检查所有的参数是否合法有效。因为系统调用在内核空间执行，如果不加限制，任由用户随意传递参数到内核，将影响系统的安全与稳定性。如 mysyscall 函数实现了一个 char*类型的参数传递，使用__user 标记进行修饰，表示该指针为用户空间指针，不能在内核空间直接引用。为了检查该指针是否有效，并在用户空间和内核空间之间安全地传送数据，使用了内核提供的 strndup_user 函数（在 mm/util.c 文件中定义），从用户空间复制字符串 name 的内容。

2. 添加系统调用号

每个系统调用都有一个唯一的系统调用号，系统根据用户传递的系统调用号，在系统调用表中寻找到相应偏移地址的内核处理函数，进行相应的处理（见 2.2.2 节）。在 arch/x86/include/asm/unistd.h 中可以看到系统调用号的定义。系统调用号的定义方式为：#define __NR_sysname NNN。每个系统调用号前都是相应的函数名加上“__NR_”，而“NNN”为系统调用号，从 0 开始依次编号。

在 unistd.h 文件中添加一个新的系统调用号，只能在原来系统调用号最大值的基础上加 1，假如现有系统最大系统调用号为 288，则在系统调用清单的最后新增一行：#define __NR_mysyscall 289，并修改系统调用总数：#define NR_syscalls 290。

3. 修改系统调用表

为了让系统调用处理程序 system_call 函数找到新的系统调用，还需修改系统调用表 sys_call_table，该表保存在 arch/x86/kernel/syscall_table.s 文件中。在该文件中，有形如“.long sys_name”的系统调用清单，用来对 sys_call_table[ ]数据进行初始化，该数组包含指向内核中每个系统调用的指针。

在 sys_call_table 与系统调用号相对应的位置添加一行：.long sys_mysyscall，即增加服务例程 sys_mysyscall 函数的地址。要注意添加的行的位置，否则容易造成内核编译的失败。

4. 重新编译内核并测试

为了使用新添加的系统调用，需要重新编译内核，如下所述。

(a) make mrproper：清空以前的编译信息，避免编译内核时生成的文件不一致。

(b) make menuconfig：生成配置清单文件。

(c) make：编译内核。

(d) make modules_install：模块命令。

(e) make install：安装新的系统。

如果执行成功，则在/boot/grub 中的 grub.conf 中会出现新内核的选项。

至此，新内核已经建立，新添加的系统调用已经成为操作系统的一部分，重启后选用新内核，即可测试该新的系统调用。

系统调用是用户空间和内核空间交互的唯一手段，但是这并不意味着要完成交互功能就一定要添加新系统调用。添加系统调用需要修改内核源代码、重新编译内核，而且系统调用号是用户自己设定，只有自己知道这个系统调用（其他用户不知道），所以一般不会手动添加系统调用。如果需要灵活地和内核交互信息，还可以使用以下几种变通方法。

● 编写字符驱动程序

利用字符驱动程序可以完成和内核交互数据的功能。它最大的好处在于可以模块式加载，避免编译内核等手续，而且调用接口固定，容易操作。

● 使用 proc 文件系统

利用 proc 文件系统修订系统状态是一种很常见的手段，如通过修改 proc 文件系统下的系统参数配置文件（/proc/sys），可以直接在运行时动态地更改内核参数；再如通过指令：echo 1 > /proc/sys/net/ip_v4/ip_forward，开启内核中控制 IP 转发的开关。与此类似地，还有许多内核选项可以直接通过 proc 文件系统进行查询和调整。

● 使用虚拟文件系统

有些内核开发者认为利用 ioctl（ ）系统调用（字符设备驱动接口）往往会使系统调用意义不明确而难以控制，而将信息放入到 proc 文件系统中会使信息组织混乱，也不赞成过多使用。内核开发者建议实现一种孤立的虚拟文件系统来代替 ioctl( )和/proc，因为文件系统接口清楚，而且便于用户空间访问，同时，利用虚拟文件系统，可以利用脚本执行系统管理任务，更加方便有效。

2.3 进程/线程管理

2.3.1 进程、进程组

在 Linux 中，每个进程在创建时都会被分配一个数据结构，称为进程控制块

（Process Control Block，简称 PCB）。PCB 中包含了很多重要的信息，供系统调度和进程本身执行使用，其中最重要的是进程 ID（PID），用于 Linux 系统识别和调度进程。Linux 操作系统包括 3 种不同类型的进程：交互进程（由 Shell 启动的进程）、批处理进程（一个进程序列，与终端没有联系）和监控进程（也称守护进程，Linux 系统启动时启动的进程，并在后台运行）。

启动一个进程有两个主要途径：手工启动和调度启动。事先进行设置，根据用户要求自行启动，属于调度启动进程，如在 2.1.3 节中提到的自动执行程序。由用户键入需要运行的程序名，执行一个程序，就是手工启动进程。手工启动进程又可以分为很多种，根据启动的进程类型和性质的不同，主要分为前台启动和后台启动。

在 Shell 提示符下键入命令，就启动了一个前台进程。这时执行的命令与 Shell 异步运行，用户在它完成之前不能执行另一条指令，这条指令的执行就属于前台进程。前台进程就是用户使用的有控制终端的进程，交互进程属于前台启动的进程。

在 Shell 提示符下键入命令，随后输入字符“&”，这时 Shell 创建子进程运行命令，但不等待命令退出，就直接返回给出提示符。这条命令与 Shell 同步运行，即在后台运行，称为后台进程。当进程比较耗时，用户也不急着需要结果时，可以采用后台的方式启动进程。执行后出现的数字就是进程号（PID），然后出现提示符，这时用户可以继续其他工作。如启动一个需要长时间运行的解压程序，为了不使整个 Shell 在格式化过程中都处于“瘫痪”状态，可以将其后台启动。

Linux 后台进程也叫守护进程（Daemon），是运行在后台的一种特殊进程。关于守护进程的描述详见 2.1.2 节。

前后台两种启动方式的共同点是新进程都是由当前 Shell 进程产生的，即 Shell 是父进程，创建了新的子进程。一个父进程可以有多个子进程，但前台启动方式是子进程结束后才能继续父进程；而后台启动方式中，父进程不用等待子进程结束，就能继续运行。一种比较特殊的情况是：管道符的使用能同时启动多个进程。如 grep sort.c|more 同时启动了两个进程，它们都是当前 Shell 的子进程，称为兄弟进程。

上述内容针对的是手工启动进程。作为一名系统管理员，很多时候都需要把事情安排好以后让其自动运行，这时就需要使用调度启动进程了。

有时需要对系统进行一些费时且占用资源的维护工作，这些工作适合在很少用户或无用户使用的时候（如深夜）进行，用户就可以事先进行调度安排，指定任务运行的时间或者场合，到时候系统会自动完成这一切工作。这就属于调度启动进程的范畴了，即让系统自动执行程序。用 at、crontab 等命令可以做到自动执行程序、启动进程。这一部分的内容已在 2.1.3 节中提到，此处不再赘述。

Linux 是一个多用户多任务的操作系统。多用户是指多个用户可以在同一时间使用计算机系统；多任务是指 Linux 可以同时执行几个任务，即可以有多个进程同时执行。

每个进程除了有进程 ID 外，还属于一个进程组，也只能属于一个进程组；进程组是一个或多个进程的集合。某个进程组中的最后一个进程可以终止，也可以参加另一个进程组。进程组的生命周期从被创建开始，到其内所有的进程终止或离开该组。一次登录形成一次会话，一个会话可包含多个进程组，但只能有一个前台进程组。会话组长即为创建会话的进程，只有不是进程组长的进程才能创建新的会话。

Linux 内核通过维护会话和进程组来管理多个用户的多个进程。进程、进程组和会话的关系如图 22 所示。每个进程是一个进程组的成员，而每个进程组又是某个会话的成员。一般说来，当用户在某个终端上登录时，一个新的会话就开始了。进程组由组中的领头进程标识，领头进程的标识符就是进程组的组标识符。类似地，每个会话也对应地有一个领头进程。

同一会话中的进程通过该会话的领头进程和一个终端相连，该终端作为这个会话的控制终端。与控制终端建立连接的会话领头进程称为控制进程，一个会话只能有一个控制终端，而一个控制终端也只能控制一个会话。用户通过控制终端，可以向该控制终端所控制的会话中的进程发送键盘信号，产生在控制终端上的输入和信号将发送给会话的前台进程组中的所有进程；终端上的连接断开时，挂起信号将发送到控制进程。

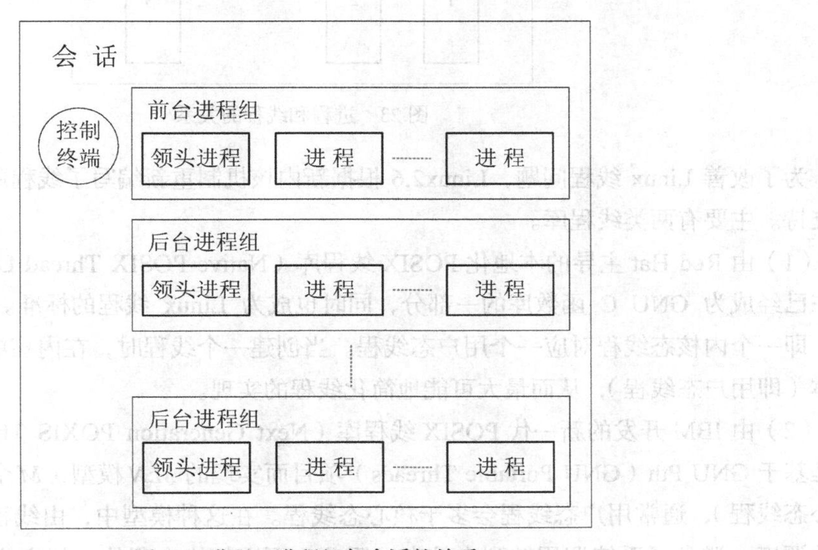

图 22　进程、进程组与会话的关系

在同一会话中只能有一个前台进程组，属于前台进程组的进程可从控制终端获得输入，而其他进程均是后台进程，可能分属于不同的后台进程组。

2.3.2　线程及线程分类

根据操作系统的定义，进程是系统资源管理的最小单位，线程是程序执行的最小单位。进程和线程的关系如图 23 所示，一个进程中至少有一个线程，线程与同属于一个进程的其他线程共享进程所拥有的全部资源。从进程（Process）演化出线程（Thread），最主要的目的是更好地支持多处理器，减少（进程/线程）上下文切换的开销。线程是在共享内存空间中并发的多道执行路径，能更充分地利用内存。线程和进程最大的区别是线程完全共享相同的地址空间，运行在同一地址上。

线程技术早在 20 世纪 60 年代就被提出，但真正应用多线程到操作系统是在 20 世纪 80 年代中期。在早期的 Linux2.2 内核中，不存在真正意义上的线程，常用的线程通过 fork 创建，属于“轻”进程。Linux2.2 内核默认只允许 4096 个进程/线程同时运行，这与 Linux 服务器需要服务上千用户相违背。Linux2.4 内核消除了线程个数的限制，允许在系统中动态地调整进程数上限。在 Linux2.6 内核之前，进程是最主要的处理调度单元，系统并不支持内核线程机制。Linux2.6 中实现了共享地址空间的进程机制。

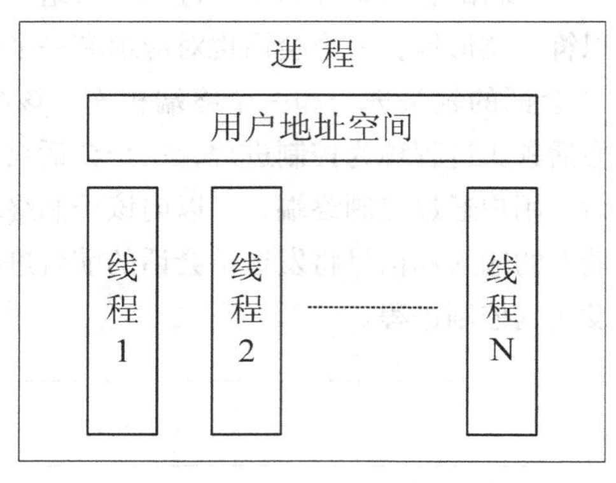

图 23 进程和线程的关系

为了改善 Linux 线程问题，Linux2.6 根据新内核机制重新编写了线程库，改善 Linux 对线程的支持。主要有两类线程库。

（1）由 Red Hat 主导的本地化 POSIX 线程库（Native POSIX Thread Library，简称 NTPL），现在已经成为 GNU C 函数库的一部分，同时也成为 Linux 线程的标准。它采用 1:1 的线程模型，即一个内核态线程对应一个用户态线程。当创建一个线程时，在内核中相应地创建一个调度实体（即用户态线程），从而最大可能地简化线程的实现。

（2）由 IBM 开发的新一代 POSIX 线程库（Next Generation POXIS Threads，简称 NGPT），它是基于 GNU Pth（GNU Portable Threads）项目而实现的 *M*:*N* 模型（*M* 个用户态线程对应 *N* 个核心态线程），通常用户态线程会多于核心态线程。在这种模型中，由线程库本身去处理可能存在的调度，避免了系统调用转到内核态，因此上下文切换会很快。但它增加了线程实现的复杂性，并可能出现优先级反转等问题，而且为了避免出现多个 Linux 线程标准，该方式已停用。

这里提到了核心态线程和用户态线程，这实际是 Linux 线程的两种实现方法，分类的标准主要是线程的调度者在核内还是核外。核心态线程更利于并发使用多处理器的资源，而用户态线程更多考虑的是上下文切换开销。

用户态线程允许多线程的程序运行时不需要特定的内核支持。Unix 使用异步 I/O 机制，即一个进程中的某个线程调用了一个阻塞的系统调用，则该进程被阻塞，进程中的其他所有线程也同时被阻塞。它的缺点是一个进程的多个线程调度中无法发挥多处理器的优势。用户态线程的优点体现在两个方面：①某些线程操作的系统消耗大大减少。如属于同一进程的线程之间不需要调用系统调用，就可以进行调度切换，将减少额外的消耗，一个进程可以启动上千个线程。②用户态线程的实现方式可以被定制或修改，以适应特殊应用的要求；而且用户态线程比核心态线程默认支持更多的线程。

核心态线程在核内以轻量级进程的形式存在，拥有独立的进程表项，而所有的创建、同步、删除等操作都在核外 pthread 库中进行。它的实现方法允许不同进程中的线程按照同一相对优先调度方法进行调度，这样有利于发挥多处理器的并发优势。

目前，线程主要的实现方法是用户态线程。在 Linux Threads 中，有一个专门的管理线程处理所有的线程管理工作。当进程第一次创建线程时，就会先启动管理线程，后续进程创建线程时，都是该管理线程创建用户线程，并记录轻量级进程号和线程的映射关系。因此，用户线程其实是管理线程的子线程。

Linux 从 2.4.17 内核开始就包含对 Intel P4 处理器的超线程的支持。超线程技术（Hyperthreading Technology）是 Intel 公司的创新技术，就是利用特殊的硬件指令，把两个逻辑内核模拟成两个物理芯片，让单个处理器都能使用线程级并行计算，从而兼容多线程操作系统和软件，并提高处理器的性能。

超线程技术可以使芯片同时进行多线程处理，当在支持多处理器的 Linux 操作系统之下运行时，同时运行多个不同的软件程序，从而获得更高的运行效果，使用户获得更优异的性能和更短的等待时间。

2.3.3　多进程/线程编程

Linux 是多任务操作系统。在 Linux 系统下编程一定会涉及到多进程/线程编程。本节介绍在 Linux 下编写多进程/线程程序的一些基本知识。

1．Linux 下的进程控制

在 Linux 系统中，有两个基本操作用于创建和修改进程：函数 fork( )用来创建一个新的进程，该进程几乎是当前进程的一个完全拷贝；函数族 exec( )用来启动另外的程序，以取代当前运行的进程。

（1）进程创建。

Linux 中创建新进程的唯一方法是使用 fork( )函数。对于没有接触过 Linux 操作系统的人来说，fork 是最难理解的概念之一：C 语言中，if else 分支语句只会根据条件进入一个分支执行，但 fork( )执行一次却有两个返回值（if、else 两个分支的语句都执行了）。例如，图 24 所示为一个最基本的 fork()函数调用程序，该程序执行的结果如图 25 所示。

```
#include <stdio.h>
void main( ) {
   int p1;
   while ((p1=fork( )) == -1);                        // 创建一个进程
   if (p1 ==0)
      printf("This is a child process.\n");     // 在子进程中
   else
      printf("This is a parent process.\n");
}
```

图 24　一个最基本的 fork( )程序代码

```
[ranzheng@unix5 ~]$ ./fork-test
This is a parent process.
This is a child process.
[ranzheng@unix5 ~]$
```

图 25　fork 函数调用运行结果

fork 在英文中是“分叉”的意思，表示 fork 执行后进程将“分叉”，即产生了另一个进程。调用 fork( )函数时，从已存在的进程（父进程）中将创建一个新进程（子进程）。子进程是父进程的一个拷贝：子进程和父进程使用相同的代码段；子进程复制父进程的数据与堆栈空间，并继承父进程的用户代码、组代码、环境变量、已打开的文件代码、工作目录和资源限制等。因为子进程几乎是父进程的完全复制，所以父子两个进程会运行同一个程序。

子进程虽然继承了父进程的一切数据，但它一旦开始运行，就和父进程分开，子进程拥有自己的进程号、资源使用和计时器等，与父进程之间不再共享任何数据。如果它们需要交互信息，就只能通过进程间通信的方式来实现（详见 2.4 节）。这时，就需要用一种方式来区分它们，系统就是通过函数的返回值来区分父进程和子进程的。对于父进程，fork 函数返回子进程的进程号；而对于子进程，fork 函数则返回 0。因此，通过 fork 函数的返回值可以判定该进程是父进程还是子进程。

通过对图 26 的分析，我们可以看到：执行结果中，if、else 两条分支语句都执行的原因，实际上是两个进程执行结果的叠加：父进程执行 else 分支语句（输出“This is a parent process.”），子进程执行 if 语句（输出“This is a child process.”）。

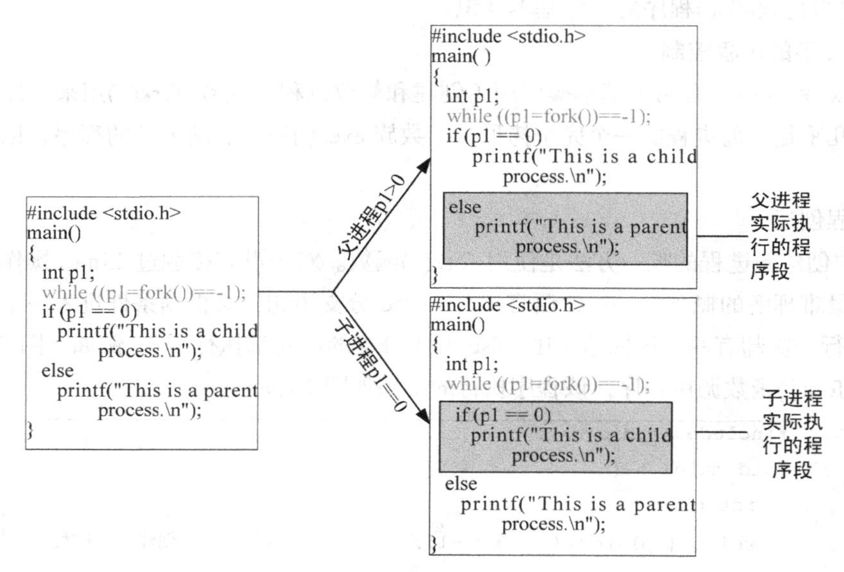

图 26　fork 程序执行代码解析

（2）进程标识符管理。

Linux 系统使用进程标识符来管理当前系统中的进程，进程的组标识符从父进程继承得到，用于区别进程是否同组。进程的标识符由系统分配，不能被修改；组标识符可以通过相关系统调用修改。

常用的进程标识符管理操作有如下各项。

int getpid( );　取得当前进程的标识符（进程 ID）。许多程序利用该值来建立临时文件，以避免临时文件重名带来的问题。

int getppid( );　取得当前进程的父进程 ID。

int getpgrp( );　取得当前进程的进程组标识符。

int getpgid(int pid); 将当前进程的进程组标识符改为当前进程的进程 ID，使其成为进程组首进程，并返回这一新的进程组标识符。

（3）加载新的进程映像。

创建的进程往往希望它能执行新的程序。在 Linux 中，进程创建与加载新进程映像是分离的操作，当创建了一个进程后，通常将子进程替换成新的进程映像，这时可以利用 exec 系列的函数来进行。

exec 函数族的作用是根据指定的文件名找到可执行文件，并用它来取代调用进程的内容，即在调用进程内部执行一个可执行文件。这个可执行文件既可以是二进制文件，也可以是任何 Linux 下可执行的脚本文件。在 Linux 中，并不存在 exec( )函数，exec 指的是一组函数，一共有 6 个，分别是：

```
int execl(const char *path, const char *arg, ...);
int execlp(const char *file, const char *arg, ...);
int execle(const char *path, const char *arg, ..., char *const envp[]);
int execv(const char *path, char *const argv[]);
int execvp(const char *file, char *const argv[]);
int execve(const char *path, char *const argv[], char *const envp[]);
```

其中，只有 execve 是真正意义上的系统调用，其他都是在此基础上经过包装的库函数。它们的区别仅在于执行的参数不一样，相互的关系如图 27 所示。

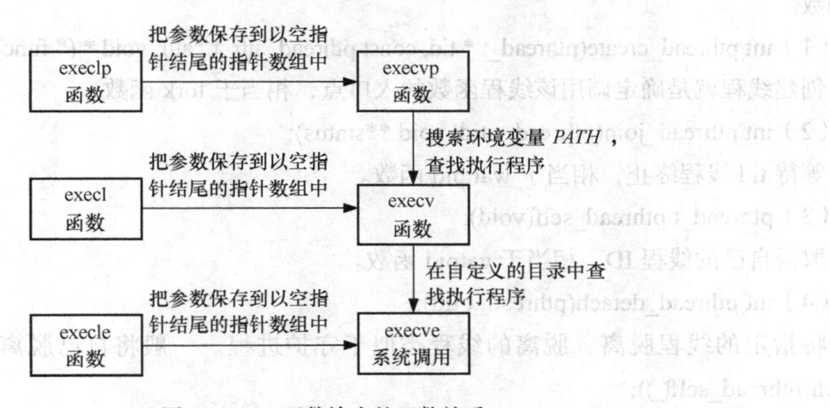

图 27　exec 函数族中的函数关系

exec 用被执行的程序替换调用它的程序。与 fork 的区别是：fork 创建一个新的进程，产生一个新的 PID；exec 启动一个新程序，替换原有的进程，因此进程的 PID 不会改变。exec 经常和 fork 搭配使用。如一个进程希望执行另一个程序时，就可以先利用 fork 函数创建出一个新进程，然后调用任何一个 exec 函数执行希望执行的那个程序。

（4）wait/waitpid 函数。

当子进程退出时，内核会向父进程发送 SIGCHLD 信号，内核将子进程置为僵尸状态，只保留最少的一些内核数据结构，以便父进程查询子进程的状态。父进程查询子进程的状态可用 wait/waitpid 函数：

```
pid_t wait(int *status);
pid_t waitpid(pid_t pid, int *status, int options);
```

wait 系统调用会使父进程暂停执行，直到它的一个子进程结束为止，返回值为子进程的

PID。waitpid 函数用来等待某个特定进程的结束。两个函数都用于等待进程的状态变化，包括正常退出、被信号异常终止、被信号暂停、被信号唤醒继续执行等。在一个子进程终止前，wait 使其调用者阻塞，而 waitpid 有一个选择项，可以使调用者不阻塞。实际上 wait 函数是 waitpid 函数的一个特例。

当子进程结束运行时，它与父进程之间的关联还会保持到父进程也正常结束，或父进程调用 wait/waitpid 才终止。这时子进程为僵尸进程，即子进程的数据项不会立刻释放，虽然不再活跃，但子进程还驻留在系统中，因为它的退出码需要保存起来，以备父进程在调用 wait/waitpid 时使用。如果不想让父进程挂起，可以在父进程中加入语句：signal(SIGCHLD, SIG_IGN)；表示父进程忽略 SIGCHLD 信号（子进程退出时向父进程发送）。也可以选择不忽略 SIGCHLD 信号。

2. Linux 下的多线程编程

Linux 系统中主要使用进程编程，Linux 对线程的操作优势不如 Windows。尽管如此，我们还是简单了解一下线程编程基本的函数及使用。

线程有时也被称为轻量级进程，Linux 系统下的多线程遵循 POSIX 线程接口，称为 pthread。Pthread 线程库是一套通用的线程库，具有较好的移植性。编写 Linux 下的多线程程序，需要使用头文件 pthread.h，连接时需要使用库 libpthread.a。最基本的线程函数主要有以下 5 个函数。

（1）int pthread_create(pthread_t * tid, const pthread_attr_t *attr, void * (* func)(void *), void *arg);

创建线程就是确定调用该线程函数的入口点，相当于 fork 函数。

（2）int pthread_join(pthread_t tid, void **status);

等待 tid 线程终止，相当于 waitpid 函数。

（3）pthread_t pthread_self(void);

取得自己的线程 ID，相当于 getpid 函数。

（4）int pthread_detach(pthread_t tid);

将指定的线程脱离，脱离的线程类似于守护进程。一般将自己脱离的方法为：pthread_detach(pthread_self( ));

（5）void pthread_exit(void *status);

终止线程的执行。如果该线程未脱离，则其线程 ID 和退出状态将一直保留到某个线程调用 pthread_join 为止。

2.4 进程间通信

进程间通信（InterProcess Communication，IPC）是指在不同进程之间传播或交换信息。Linux 下的进程通信手段基本上是从 Unix 平台上的进程通信手段而来的。AT&T 的贝尔实验室和 BSD（加州大学伯克利分校的伯克利软件研发中心）对 Unix 的发展贡献最大，但他们在进程间通信方面的侧重点有所不同。前者对 Unix 早期的进程间通信手段进行了系统的改进和扩充，形成了“System V IPC”，通信进程局限在单个计算机内部；后者则跳过了该限制，形成了基于套接字（socket）的进程间通信机制。Linux 则把两者继承了下来，主要包括管道、消息队列、共享内存、信号量和套接字等几种常用的进程间通信方法。

2.4.1　管道通信

管道通信是 Linux 操作系统中最古老的一种进程间通信机制。两个进程利用管道进行通信时，发送信息的进程称为写进程，接收信息的进程称为读进程。管道通信方式的中间介质就是文件（即管道文件），它将写进程和读进程连接在一起，实现两个进程之间的通信。写进程通过写入端（发送端）往管道文件中写入信息；读进程通过读出端（接收端）从管道文件中读取信息。两个进程协调不断地进行写和读，便会构成双方通过管道传递信息的流水线。

管道包括无名管道和有名管道两种，前者用于有亲缘关系的父子进程或兄弟进程间的通信，后者克服了管道没有名字的限制，允许无亲缘关系的任意两个进程间的通信，如图 28 所示。

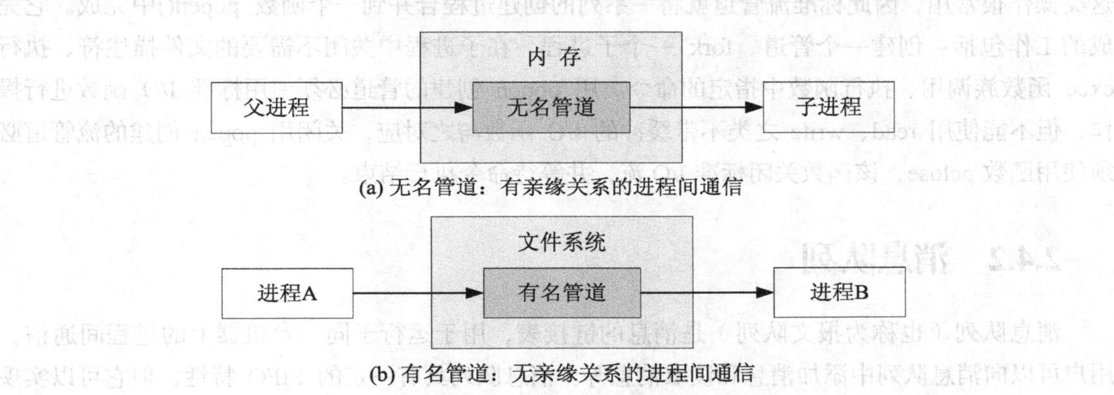

图 28　无名管道和有名管道

1. 无名管道

利用系统调用 pipe( )可以创建一个无名管道文件，即无名管道：int pipe(int fd[2])，其中，fd[0]为读描述符，fd[1]为写描述符。一个进程在由 pipe( )创建管道后，一般再利用 fork 函数创建子进程，然后通过管道实现父子进程间的通信。一般文件的 I/O 函数都可以用于管道，如 close、read、write 等。

无名管道是一种非永久性的管道通信机构。当它访问的进程全部终止时，它也将随之撤销。无名管道只能用在具有家族联系的进程之间，具有以下特点。

- 管道是半双工的，数据只能向一个方向流动；需要双方通信时，需要建立两个管道。
- 只能用于父子进程或兄弟进程等具有亲缘关系的进程。
- 管道文件单独构成一种文件系统，并且只存在于内存中，是一个固定大小的缓冲区。在 Linux 中，该缓冲区的大小为 4096 字节。
- 一个进程向管道中写的内容被管道另一端的进程读出。写入的内容每次添加在管道缓冲区的末尾，并且每次都从缓冲区的头部读出数据。

2. 有名管道

无名管道最大的问题就是没有名字，只能用于具有亲缘关系的进程间通信。有名管道（也称 FIFO）解决了这一问题。FIFO 提供一个路径名与之关联，并以 FIFO 的文件形式存在于文件系统中。这样，进程即使与 FIFO 的创建进程不存在亲缘关系，只要可以访问该路径，就能彼此通过 FIFO 相互通信交换数据。FIFO 严格遵循先进先出的原则，并且不支持诸如 lseek( )等文件定位操作。

在 Linux 系统中，有名管道可由两种方式创建：命令行方式或在程序中使用 mknod/mkfifo。管道文件被创建后，就可以使用一般的文件 I/O 函数，如 open、close、read 和 write 等来对它进行操作。注意：有名管道比无名管道多了一个打开操作 open( )。

有名管道可以长期存在于系统之中，而且提供给任意关系的进程使用，但是使用不当容易导致出错，所以操作系统将命名管道的管理权交由系统来加以控制。

与 Linux 中文件操作流的标准 I/O 操作一样，管道操作也支持基于文件流的模式。这种基于文件流的管道主要用来创建一个连接到另一个进程的管道，如执行命令"ls –l | grep test"。由于这类操作很常用，因此标准流管道就将一系列的创建过程合并到一个函数 popen()中完成。它完成的工作包括：创建一个管道、fork 一个子进程、在子进程中关闭不需要的文件描述符、执行 exec 函数族调用、执行函数中指定的命令。用 popen 创建的管道必须使用标准 I/O 函数进行操作，但不能使用 read、write 之类不带缓冲的 I/O 函数与之对应，关闭用 popen 创建的流管道必须使用函数 pclose，该函数关闭标准 I/O 流，并等待命令执行结束。

2.4.2 消息队列

消息队列（也称为报文队列）是消息的链接表，用于运行于同一台机器上的进程间通信，用户可以向消息队列中添加消息和读取消息等。消息队列具有一定的 FIFO 特性，但它可以实现消息的随机查询，克服了管道只能承载无格式字节流及缓冲区大小受限等缺点，比 FIFO 具有更大的优势。

消息队列一旦创建后，可由多个进程共享。发送消息的进程可以在任意时刻发送任意个消息到指定的消息队列上，并检查是否有接收进程在等待它所发送的消息。若有则唤醒它：而接收消息的进程可以在需要消息时到指定的消息队列上获取消息。如果消息还没有到来，则转入睡眠状态等待。

目前主要有两种类型的消息队列：POSIX 消息队列和系统 V 消息队列，系统 V 消息队列目前被大量使用。对消息队列的操作通常有打开或创建消息队列、读写操作和获得/设置消息队列属性 3 种类型。系统 V 消息队列的 API 共有 4 个，使用时需包括 sys/types.h、sys/ipc.h 和 sys/msg.h 几个头文件。

（1）int msgget(key_t key, int msgflg);

创建一个新队列或打开一个存在的队列。调用者提供一个消息队列的键值 key，若 key 值对应的消息队列存在，则返回该队列的标识号；否则，就创建一个消息队列，并返回创建的消息队列的标识号。创建的消息队列的数量将受到系统消息队列数量的限制。

（2）int msgsnd(int msgid, struct msgbuf *msgp, int msgsz, int msgflg);

把消息添加到 msgid 代表的消息队列的末尾，消息的大小由 msgsz 指定。对发送消息来说，msgflg 的标识为 IPC_NOWAIT，指明在消息队列没有足够的空间容纳待发送的消息时，是否等待。可以定义一个消息结构，结构中带类型，就可以用非先进先出的顺序取消息了。

（3）int msgrcv(int msgid, struct msgbuf *msgp, int msgsz, long msgtyp, int msgflg);

该系统调用从 msgid 代表的消息队列中取走一个消息。读取消息不一定遵循先进先出的原则，也可以按照消息的类型字段读取消息。与 FIFO 不同的是，可以取走指定的某一条消息。

（4）int msgctl(int msgid, int cmd, struct msgid_ds *buf);

在由 msgid 标识的消息队列上执行 cmd 指定的操作，共有 3 种 cmd 操作：IPC_STAT（获取消息队列信息）、IPC_SET（设置消息队列属性）和 IPC_RMID（删除消息队列），类似于驱动程序中的 ioctl 函数。

消息队列与管道和有名管道相比，具有更大的灵活性。消息队列提供有格式字节流，有利于减少开发人员的工作量；消息具有类型，在实际应用中，可以作为优先级使用。这两点是管道和有名管道所不能比拟的。消息队列可以在几个进程间复用（即使这几个进程不具有亲缘关系），这与有名管道相似。但消息队列是随内核持续的，只有在内核重启或显式删除消息队列时，该消息队列才会真正被删除。尽管如此，消息队列是一种将逐渐淘汰的通信方式，可以用流管道或者套接字的方式取代它。

2.4.3 共享内存

管道、FIFO、消息队列的共同特点是通过内核来进行进程通信，如图 29(a)所示，向管道、FIFO、消息队列写入数据时，需要把数据从进程复制到内核，数据读出时又需要从内核复制数据到进程。即进程间的通信必须借助内核、通过多次数据拷贝来实现。

共享内存是在两个正在运行的进程之间共享和传递数据的一种简单但非常有效的方式，它将同一块内存区映射到共享它的不同进程的地址空间中（如图 29(b)所示），这样进程间的通信就不再需要通过内核在不同的进程间复制，只需对共享的内存区进行操作就可以了。如同 malloc( ) 函数向不同进程返回指向同一个物理内存区域的指针一样，当一个进程改变了这块地址中的内容时，其他进程都会察觉到这个更改。

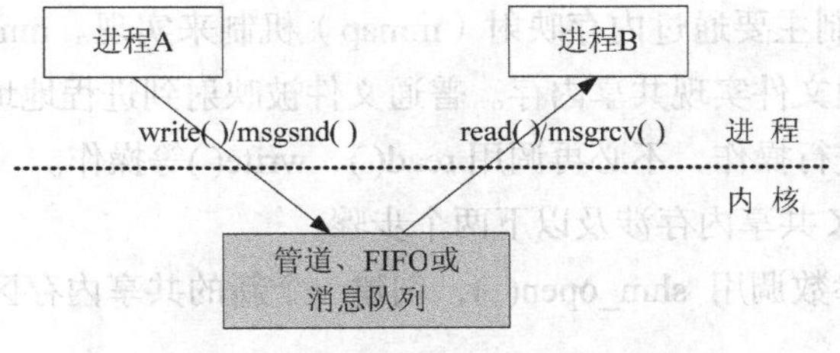

(a) 通过内核进行管道、FIFO和消息队列通信

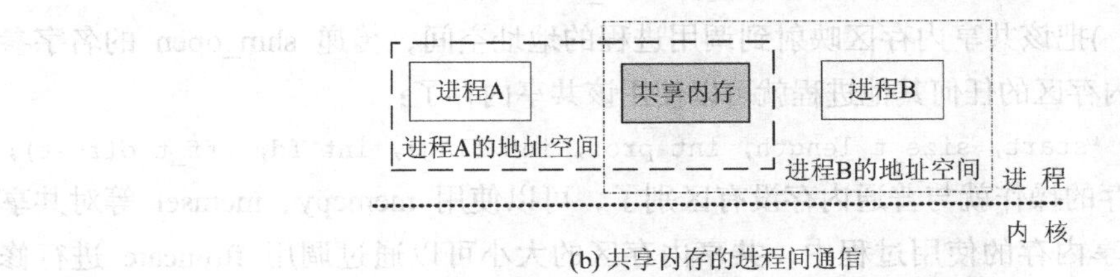

(b) 共享内存的进程间通信

图 29 管道、FIFO、消息队列和共享内存实现方式的比较

共享内存是最高效的一种进程间通信方式，因为进程可以直接读写内存，避免了对数据的各种不必要的拷贝；而且进程之间使用共享的内存区时，数据内容将一直保存在共享内存中，直到解除映射、通信完毕时才会写回文件，从而达到高效通信的目的。但问题在于，当两个或多个进程使用共享内存进行通信时，系统内核并未对共享内存的访问提供同步机制，容易造成因不同进程同时读写一块共享内存数据而发生混乱，程序员需要依靠某种同步机制（如互斥锁、信号量等）来同步对共享内存的访问。

在 Linux 系统中，每个进程的虚拟内存被分为许多页面，每个进程都会维护一个从内存地址到虚拟内存页面之间的映射关系。尽管每个进程都有自己的内存地址，但不同的地址可以同时将同一个内存页面映射到自己的地址空间中，从而达到共享内存的目的。

Linux 有两种共享内存机制：POSIX 共享内存和 System V 共享内存。两者都通过 tmpfs（一种基于内存的文件系统）实现。但 POSIX 共享内存通过用户空间挂载的 tmpfs 文件系统实现，而 System V 共享内存则由内核本身的 tmpfs 实现。两种共享内存的区别在于：System V 共享内存是持久化的，只要机器不重启或不显式销毁，该共享内存将一直存在，即除非一个进程明确删除该共享内存，否则它始终存在于内存中，直到系统关机；而 POSIX 共享内存不是持久化的，如果进程关闭，映射将随即失效（事先映射到文件上的情况除外）。

其中，System V 共享内存历史悠久，一般 Unix 系统上都有这套机制；而 POSIX 共享内存机制接口更加方便易用，一般结合内存映射 mmap 使用。内存映射机制 mmap 是 POSIX 标准的系统调用，有匿名映射和文件映射两种。匿名映射使用进程的虚拟内存空间。文件映射有 MAP_PRIVATE 和 MAP_SHARED 两种，前者使用 COW 方式（copy-on-write，写时拷贝技术）把文件映射到当前的进程空间，修改操作不会改动源文件；后者直接把文件映射到当前的进程空间，所有的修改会直接反映到文件的 page cache，然后由内核自动同步到映射文件上。

由于接口易用，且可以方便地映射到文件，避免主机宕机造成数据丢失，同时 POSIX 标准比较通用，Linux 操作系统一般偏向于使用 mmap 的 POSIX 共享内存，而非传统的 System V 的共享内存机制。下面介绍两种共享内存机制的使用。

1. POSIX 共享内存

POSIX 共享内存机制主要通过内存映射（mmap）机制来实现。mmap( )系统调用使得进程之间通过映射同一个普通文件实现共享内存。普通文件被映射到进程地址空间后，进程可以像访问普通内存一样对文件进行操作，不必再调用 read( )、write( )等操作。

在进程间使用 POSIX 共享内存涉及以下两个步骤。

（1）指定一个名字参数调用 shm_open( )，创建一个新的共享内存区，或打开一个已存在的共享内存区：

```
int shm_open(const char *name, into flag, mode_t mode);
```

（2）调用 mmap( )把该共享内存区映射到调用进程的地址空间，传递 shm_open 的名字参数，之后希望共享该内存区的任何其他进程就可以使用该共享内存了：

```
void *mmap(void *start, size_t length, int prot, int flags, int fd, off_t offset);
```

至此，对共享内存的操作就与普通内存没有区别了，可以使用 memcpy、memset 等对共享内存进行操作。在共享内存的使用过程中，共享内存区的大小可以通过调用 ftruncate 进行修改：int ftruncate(int fd, off_t length)；而当打开一个已存在的共享内存区时，可以调用 fstat 来获取有关该对象的信息：int stat(const char *file_name, struct stat *buf)。

如需结束对共享内存的使用，执行以下两步操作。

（1）解除当前进程对这块共享内存的映射：int munmap(void *start, size_t length);

（2）从内核清除共享内存：int shm_unlink(const char *name);

2. System V 共享内存

System V 共享内存通过系统调用 shmget( )来创建或获得一个 IPC 共享内存区域，还将在特殊文件系统 shm 中创建或打开一个同名文件，新建的文件不属于任何一个进程（任何进程都可以访问该共享内存区域）。一般情况下，特殊文件系统 shm 中的文件不能使用 read( )、write( )函数进行访问，但可以直接采用访问内存的方式对其进行访问。

System V 共享内存主要有以下几个 API，使用时需包括头文件 sys/ipc.h 和 sys/shm.h。

● shmget 函数

shmget 函数用来创建共享内存，它的原型为：

```
int shmget(key_t key, size_t size, int shmflg);
```

该函数类似于 shm_open 函数或 malloc 函数，系统按照请求分配（或获取）size 大小的内存用作共享内存。Linux 系统内核中每个 IPC 结构都有一个标识符，该标识符是内核由 IPC 结构的关键字得到，即 key 值。

● shmat 函数

第一次创建完共享内存后，它还不能被任何进程访问，shmat 函数的作用就是用来启动对该共享内存的访问，并把共享内存映射到当前进程的地址空间，这样就能方便地访问共享内存了。

shmat 函数原型为：`void *shmat(int shm_id, const void *shm_addr, int shmflg);`，其功能类似于 mmap 函数。

● shmdt 函数

该函数用于将共享内存从当前进程分离（同 munmap 函数），即解除共享内存与进程地址空间的映射关系。但分离并不是删除它，只是使该共享内存对当前进程不再可用。函数原型为：`int shmdt(void *shm_addr);`。

● shmctl 函数

与 shm_unlink 函数一样，实现对共享内存的控制操作：

```
int shmctl(int shm_id, int cmd, struct shmid_ds *buf);
```

无论使用哪种共享内存机制来实现进程间通信，都必须注意对数据存取的同步，必须确保一个进程读数据时，它所需的数据已经写好。通常，信号量被用于实现共享数据存取的同步，也可以通过使用 shmctl 函数设置共享内存的某些标志位，如 SHM_LOCK、SHM_UNLOCK 等来实现。

2.4.4　信号量

信号量又称为信号灯，是用来解决进程间同步与互斥问题的一种进程间通信机制。程序对信号量的访问都是原子操作，且只允许对它进行等待（信号量的 P 操作）和发送（信号量的 V 操作）操作。信号量最主要的应用就是共享内存方式的进程间通信。

Linux 信号量分为 POSIX 信号量和 System V 信号量，这一点与共享内存的两种方式比较相似：System V 信号量的使用相对复杂，而 POSIX 信号量则非常简单。

1. POSIX 信号量

POSIX 信号量分为有名信号量和无名信号量。无名信号量又称为基于内存的信号量，常用于多线程间的同步，也可用于相关进程间的同步。无名信号量用于进行进程间同步时，需要放在进程间的共享内存区中。有名信号量通过 IPC 名字进行进程间的同步，它的特点是把信号值保存在文件中，这决定了它的用途非常广泛：既可以用于线程，也可以用于相关进程，甚至是不相关的进程。

POSIX 信号量有 3 种操作，如下所述。

（1）创建/销毁一个信号量。

（2）等待一个信号量（wait，即 P 操作）。

（3）挂起一个信号量（post，即 V 操作）。

POSIX 有名信号量和无名信号量在使用过程中共享 sem_wait 和 sem_post 等函数，但因信号量存放位置的不同，两者在信号量的创建和删除上有所不同，有名信号量使用 sem_open 代替 sem_init 来创建信号量，而在结束时要像关闭文件一样关闭有名信号量。POSIX 信号量的函数接口及关系如图 30 所示。

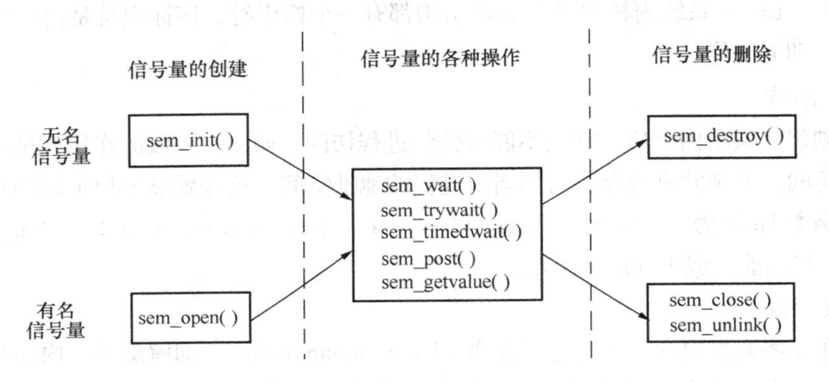

图 30　POSIX 信号量的操作函数

有名信号量的创建和删除操作的定义为：

```
# include <semaphore.h>
int sem_init(sem_t *sem, int pshared, unsigned int value);
int sem_destroy(sem_t *sem);
```

sem_init 用于无名信号量的初始化。对于特定的信号量，必须保证只调用 sem_init 进行一次初始化（对于一个已初始化过的信号量，调用 sem_init 的行为是未定义的）。使用完无名信号量后，调用 sem_destroy 销毁该信号量。销毁一个有线程阻塞在其上的信号量的行为也是未定义的。

有名信号量的创建和删除操作的定义为：

```
# include <semaphore.h>
sem_t *sem_open(const char *name, int oflag);
sem_t *sem_open(const char *name, int oflag, mode_t mode, unsigned int value);
int sem_close(sem_t *sem);
int sem_unlink(const char *name);
```

sem_open 用于创建或打开一个信号量，信号量通过 name 参数（信号量的名字）进行标识。sem_close 用于关闭打开的信号量。当一个进程终止时，内核对其上仍然打开的所有有名信号量自动执行这个操作。但 sem_close 并没有把信号量从系统中删除（POSIX 有名信号量随内核持续），即使当前没有进程打开该信号量，它的值依然存在；直到内核重启，或调用 sem_unlink 函数删除该信号量（信号量的销毁在所有进程都关闭信号量时进行）。

有名信号量和无名信号量共享使用信号量的操作函数，分为信号量的 P 操作、V 操作等：

```
#include <semaphore.h>
int sem_wait(sem_t *sem);
#ifdef __USE_XOPEN2K
int sem_timedwait(sem_t *sem, const struct timespec *abs_timeout);
#endif
int sem_trywait(sem_t *sem);
int sem_post(sem_t *sem);
int set_getvalue(sem_t *sem, int *sval);
```

sem_wait 用于获取信号量，并执行信号量的 P 操作：测试指定信号量的值，如果大于 0，就会将它减 1 并立即返回；如果等于 0，调用线程会进入睡眠状态。sem_trywait 和 sem_wait 的差别是，当信号量的值等于 0 时，调用线程不会阻塞，直接返回，并标识 EAGAIN 错误。sem_timedwait 和 sem_wait 的差别是，当信号量的值等于 0 时，调用线程会限时等待。当等待时间结束时，如果信号量的值继续为 0，则返回错误。

当一个线程使用完某个信号量后，调用 sem_post 使该信号量的值加 1，如果有等待线程，则会唤醒等待的一个线程（V 操作）。sem_getvalue 函数用于查询当前信号量的值。

2. System V 信号量

System V 信号量是 System V 进程间通信的组成部分（其他的还有前两节讲到的 System V 消息队列和 System V 共享内存）。不同于 POSIX 信号量，System V 信号量在内核中维护。

Linux 系统提供了一组 System V 信号量接口来对信号进行操作，相关信号量操作函数由 sys/ipc.h 文件引用，信号量的声明则在头文件 sys/sem.h 中定义。

System V 信号量的操作函数主要有 3 个，其函数原型分别为：

```
int semget(key_t key, int num_sems, int sem_flgs);
                /*创建一个新信号量或取得一个已有信号量*/
int semctl(int sem_id, int sem_num, int cmd, union semun arg);
                /*删除/初始化信号量*/
int semop(int sem_id, struct sembuf *sops, size_t nsops);
                /*改变信号量的值，即使用/释放资源使用权*/
```

在 Linux 系统中，使用 System V 信号量通常分为以下 4 个步骤。

（1）调用 semget( )函数创建信号量，或获得在系统中已存在的信号量。不同进程通过使用同一个信号量键值来获得同一个信号量。

（2）使用 semctl( )函数的 SETVAL 操作初始化信号量。

（3）调用 semop( )函数进行信号量的 PV 操作，这是实现进程间同步和互斥的核心工作。

（4）如果不需要信号量，则从系统中删除它，此时使用 semctl( )函数的 IPC_RMID 操作。

2.4.5　套接字

套接字（socket，也称套接口）是一种进程间通信的方法，不同于上述几种进程间通信方法，套接字并不局限于同一台计算机的资源，它也是 Linux 系统中主要的网络编程接口。套接字最初在 BSD 版本的 Unix 上实现，现在已被广泛认可，并逐渐成为事实上的工业标准。目前，几乎所有的操作系统都提供对套接字的支持。

套接字通信采用客户/服务器（Client/Server，简称 C/S）模式，客户使用服务器提供的服务。客户/服务器系统既可以在本地单机上运行，也可以在网络中运行。

服务器端的工作过程为：首先，服务器应用程序通过 socket 系统调用创建一个套接字，并使用 bind 系统调用给套接字命名。本地套接字的名字是 Linux 文件系统的文件名，一般放在/tmp 或/usr/tmp 目录下；网络套接字的名字是与客户相连接的特定网络相关的服务标识符，该标识符允许 Linux 将请求针对特定端口号的连接转到正确的服务器进程。然后，服务进程开始等待客户连接到这个命名套接字，调用 listen 创建一个等待队列，以便存放来自客户端的请求连接。最后，服务器通过 accept 系统调用接受客户的连接。此时，会产生一个与原有命名套接字不同的新套接字，它仅用于与这个特定的客户通信，而命名套接字则被保留下来，继续处理来自其他客户端的连接。

套接字的客户端首先会调用 socket 创建一个未命名套接字，将服务器的命名套接字作为一个地址来调用，并与服务器建立连接。一旦连接建立，就可以像使用底层文件描述符那样利用套接字进行双向数据通信。

网络套接字位于应用层与 TCP/IP 族通信的中间软件抽象层，逻辑上位于传输层与应用层之间，实际上由一组网络编程 API 组成。Linux 以文件的形式实现套接字，与套接字相应的文件属于 sockfs 特殊文件系统。创建一个套接字就是在 sockfs 中创建一个特殊文件，并建立起为实现套接字功能的相关数据结构。换句话说，对每一个新创建的 BSD 套接字，Linux 内核都将在 sockfs 特殊文件系统中创建一个新的 inode。

Linux 支持多种套接字类型，主要包括如下 3 种。

（1）流式套接字（Stream）：提供面向连接、可靠的全双工数据传输服务，可以保证数据传输中的完整性、正确性和一致性。流式套接字通过 TCP 实现。

（2）数据报式套接字（Datagram）：提供无连接服务。数据报套接字可以像流式套接字一样提供双向数据传输，但不能保证传输数据一定能到达目的节点；即使数据能够到达，也无法保证数据以正确的顺序到达，以及数据的单一性和正确性。数据报套接字通过 UDP 实现。

（3）原始套接字（Raw）：该套接字允许对较低层协议（如 IP、ICMP 等）进行直接访问。在某些应用中，使用原始套接字可以构建自定义头部信息的 IP 报文。创建原始套接字需要超级用户权限。

套接字编程涉及到一些网络知识，已超出本书所涉及的 Linux 操作系统实验范围。关于如何利用套接字进行网络编程，请读者自行参阅相关资料学习。

2.5 内存管理

2.5.1 内存空间管理

Linux 是为多用户多任务设计的操作系统，存储资源要被多个进程有效共享；且由于程序规模的不断膨胀，系统要求的内存空间比从前大得多。Linux 内存管理的设计充分利用了计算机系统所提供的虚拟存储技术，真正实现了虚拟存储器管理。

Linux 操作系统采用虚拟内存管理技术，使得每个进程都有各自互不干涉的进程地址空间。Linux 中的程序不能直接访问物理内存，程序都存在于自己独立的虚拟地址空间中，用户看到和接触到的都是虚拟地址，无法看到实际的物理内存地址。这样做的好处是，不但能起到保护操作系统的作用，还可以使用比实际物理内存大得多的地址空间。

在 32 位系统中，这个虚拟空间的大小是 4GB，而在 64 位系统则是 128TB。虚拟地址空间被划分为用户空间与内核空间两部分，如在 32 位系统中，用户空间从 0 到 3G（0 × c0000000），内核空间则占据剩下的 1G 空间。只有驱动模块和系统内核运行在内核空间。一个进程的用户空间大致可以分为栈、内存映射区、堆、BSS、数据段和代码段几部分。图 31 为 32 位系统中虚拟地址空间的划分结构。用户空间与内核空间的区别主要体现在以下方面。

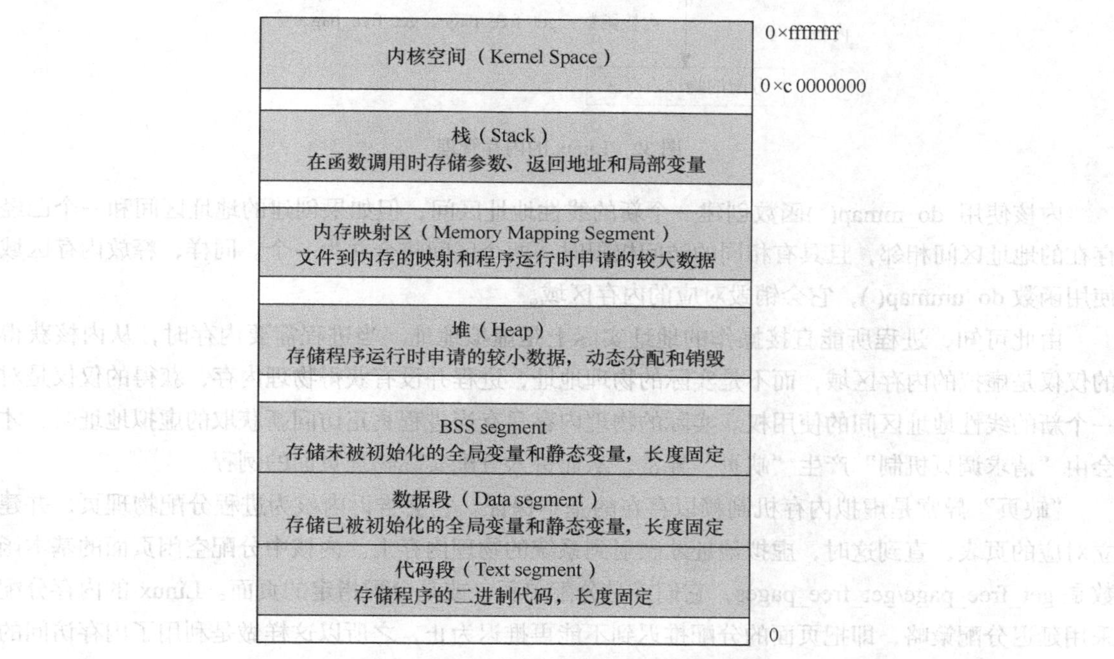

图 31 32 位系统中虚拟地址空间的划分

- 通常情况下用户进程只能访问用户空间的虚拟地址，不能访问内核空间的虚拟地址。只有用户进程进行系统调用等时刻才可以访问内核空间。
- 用户空间与进程相对应，每当进程切换，用户空间就会跟着变化；而内核空间由内核负责映射，并不会随进程改变，是固定的。内核空间地址有自己对应的页表，用户进程各自有不同的页表。
- 每个进程的用户空间完全独立、互不干扰。

在 Linux 系统中，进程对内存的使用过程如图 32 所示。

在进程的执行过程中，系统对进程的管理实际就是管理进程使用的虚拟内存区域。进程虚拟空间是一个独立且连续的地址空间。为方便管理，虚拟空间被划分为许多大小可变的（4096 的倍数）内存区域，划分原则是将访问属性（读、写、执行等）一致的地址空间存放在一起。创建进程 fork( )、程序载入 execve( )、映射文件 mmap( )、动态内存分配 malloc( )/brk( )等进程相关操作的执行都需要分配内存给进程。这时进程申请和获得的并不是实际的物理内存，而是虚拟内存。进程对内存区域的分配最终都会归结到 do_mmap( )函数上来（brk( )除外，它单独以系统调用的方式实现）。

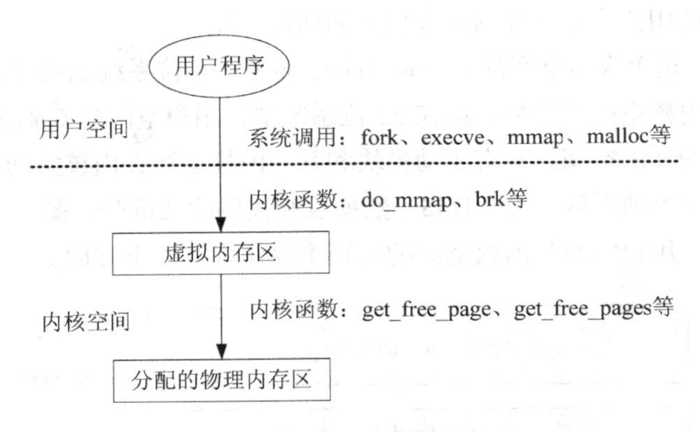

图 32　Linux 的内存管理

内核使用 do_mmap( )函数创建一个新的线性地址区间，但如果创建的地址区间和一个已经存在的地址区间相邻，且具有相同的访问权限时，两个区间将合并为一个。同样，释放内存区域使用函数 do_ummap( )，它会销毁对应的内存区域。

由此可知，进程所能直接操作的地址实际上是虚拟地址。当进程需要内存时，从内核获得的仅仅是虚拟的内存区域，而不是实际的物理地址，进程并没有获得物理内存，获得的仅仅是对一个新的线性地址区间的使用权。实际的物理内存只有当进程真正访问新获取的虚拟地址时，才会由“请求调页机制”产生“缺页”异常，从而进入分配实际物理页面的例程。

“缺页”异常是虚拟内存机制赖以存在的基本保证。它会告诉内核为进程分配物理页，并建立对应的页表，直到这时，虚拟地址才映射到系统的物理内存上。内核中分配空闲页面的基本函数是 get_free_page/get_free_pages，它们或是分配单页，或是分配指定的页面。Linux 的内存分配采用延迟分配策略，即把页面的分配推迟到不能再推迟为止，之所以这样做是利用了内存访问的“局部性原理”，带来的好处是节约了空闲内存，提高了系统的吞吐率。

Linux 内核对物理内存的管理通过分页机制实现，它将整个内存划分成无数个 4k（i386 体系结构中）大小的页，这是分配和回收内存的基本单位。利用分页管理有助于灵活地分配内存地址，因为分配时不必要求必须有大块的连续内存，系统可以“凑”出所需要的内存供进程使用。尽管如此，系统使用内存时还是倾向于分配连续的内存块，因为分配连续内存时，不需要更改页表，从而降低 TLB 的刷新率（频繁刷新会在很大程度上降低访问速度）。

Linux 系统引入了 buffers 和 cached 机制，以提高系统的读写性能。buffers 与 cached 都是内存操作，用来保存系统曾经打开过的文件，以及文件属性信息，这样当操作系统需要读取某些文件时，会首先在 buffers 与 cached 内存区查找，如果找到，直接读出传送给应用程序，如果没有找到，才从磁盘读取（即缓存机制）。buffers 与 cached 缓冲的内容不同，buffers 用于缓冲块设备，它只记录文件系统的元数据（metadata）及 tracking in-flight pages，而 cached 用于给文件做缓冲。更通俗一点说：buffers 主要用来存放目录里面有什么内容，文件的属性及权限等，而

cached 直接用来记忆我们打开过的文件和程序。

内存映射（mmap，见 2.4.3 小节）是 Linux 操作系统的特色之一，它可以将系统内存映射到一个文件（设备）上，以便通过访问文件内容来达到访问内存的目的。这样做的最大好处是提高了内存访问速度，并且可以利用文件系统的编程接口访问内存，降低开发难度。许多设备驱动程序便是利用内存映射功能将用户空间的一段地址关联到设备内存上。这样无论何时，只要内存在分配的地址范围内进行读写，实际上就是对设备内存的访问。同时对设备文件的访问也等同于对内存区域的访问，也就是说，通过文件操作接口可以访问内存。Linux 中的 X 服务器，就是一个利用内存映射达到直接高速访问视频卡内存的例子。

2.5.2　内存分页机制

Linux 系统采用分页的内存管理机制。由于 X86 体系的分页机制是基于分段的，为了使用分页机制，分段机制无法避免，因此，Linux 系统以一种受限的方法使用分段模型。为了降低复杂性，Linux 内核将所有段的基址都设为 0，段限长设为 4GB，只是在段类型和段访问权限上有所区分，即所有的段寄存器都指向相同的段地址范围，使用相同的线性地址。所以 Linux 所用的段描述符数量有限，Linux 内核和所有进程共享 1 个 GDT（Global Descriptor Table，全局描述符表），而不使用 LDT（Local Descriptor Table，本地描述符表）。这种模型有以下两个优点。

- 当所有的进程都使用相同的段寄存器值（共享相同的线性地址空间）时，内存管理更为简单。
- 在大部分架构上都可以实现可移植性。某些 RISC 处理器也可通过这种受限的方式支持分段。

Linux 内存分页管理机制可以分为 3 个层次，从下而上依次为物理内存管理、页表管理和虚拟内存管理。

1．物理内存管理

Linux 内核以物理页面（也称 page frame）为单位管理物理内存，并定义了一个结构体 page，方便地记录每个物理页面的信息。Linux 系统在初始化时，会根据实际的物理内存的大小，为每个物理页面创建一个 page 对象，所有的 page 对象构成一个数组。

同时，针对不同的用途，Linux 内核将所有的物理页面划分到 3 类内存管理区，分别为 ZONE_DMA、ZONE_NORMAL、ZONE_HIGHMEM，如下所述。

- ZONE_DMA 的范围是 0~16MB，该区域的物理页面专门供 I/O 设备的 DMA 使用。DMA 使用物理地址访问内存，不经过 MMU，并且需要连续的缓冲区，所以为了能提供物理上连续的缓冲区，必须从物理地址空间专门划分一段区域用于 DMA。
- ZONE_NORMAL 的范围是 16MB~896MB，该区域的物理页面能被内核直接使用。
- ZONE_HIGHMEM 的范围是 896MB~结束，该区域即为高端内存，内核不能直接使用。

内核在分配物理页面时，通常是一次性分配物理上连续的多个页面，为了便于快速管理，内核将连续的空闲页面组成空闲区段，大小是 2、4、8、16……，然后将空闲区段按大小放在不同队列里，形成空闲内存区队列。这样在分配物理页面时，可以快速地定位刚好满足需求的空闲区段。

当释放不用的物理页面时，内核并不会立即将其放入空闲内存区队列，而是将其插入非活动队列。每个内存管理区都有 1 个 inactive_clean_list 队列。此外，内核中还有 3 个全局 LRU 队列，分别为 active_list、inactive_dirty_list 和 swapper_space。其中，active_list 用于记录所有被映射的物理页面，inactive_dirty_list 用于记录所有断开映射且未被同步到磁盘交换文件中的物理页面，swapper_space 则用于记录换入/换出到磁盘交换文件中的物理页面。

分配物理内存的内核函数主要有__alloc_pages( )、__get_free_pages( )和 kmalloc( )。当空闲物理页面不足时，就需要从 inactive_clean_list 队列中选择某些物理页面插入空闲队列中，如果仍然不足，就需要把某些物理页面里的内容写回到磁盘交换文件里，腾出物理页面。回收物理页面的过程由内核中的两个线程专门负责，定期被内核唤醒并执行。

2. 页表管理

为了支持大内存区域，Linux 采用三级分页机制，如图 33 所示，如下所述。

- 页全局目录（Page Global Directory，简称 PGD），多级页表抽象的最高层。PGD 可以处理 4MB 的区域，它是一个页表目录。
- 页中间目录（Page Middle Directory，简称 PMD），页表的中间层。在 X86 架构上，PMD 在硬件中并不存在，但在内核代码中它与 PGD 合并在一起。
- 页表条目（Page Middle Entry，简称 PTE），页表的最底层。它直接处理页，内容包括页的物理地址、条目的有效性，以及相关页是否在物理内存等。

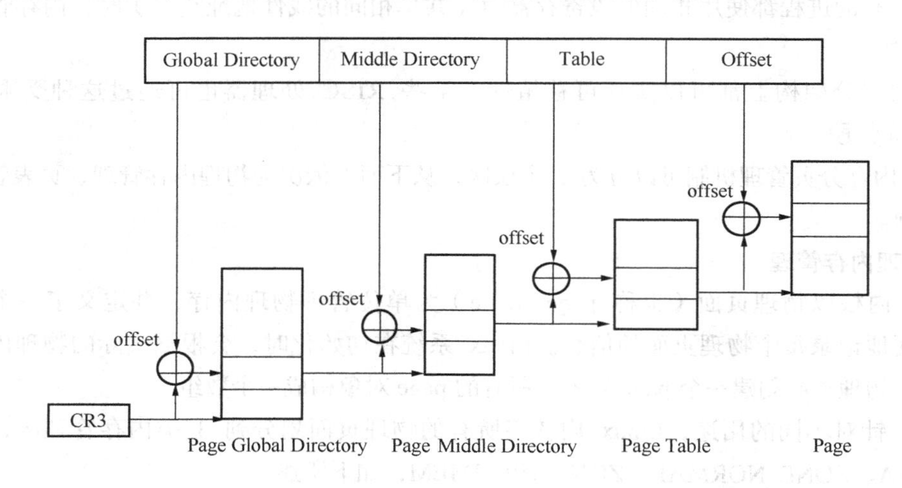

图 33　Linux 的三级分页机制

在不需要大内存区域时，可以将 PMD 定义成“1”，返回两级分页机制。分页级别在编译时进行优化，可以通过启动或禁用 PMD 来启用两级和三级分页。32 位处理器使用 PMD 分页，而 64 位处理器使用 PGD 分页。

3. 虚拟内存管理

Linux 将 4GB 的线性地址空间分为两部分：0~3GB 为用户空间，3~4GB 为内核空间（见 2.5.1 小节）。由于开启了分页机制，内核如需访问物理地址空间，必须先建立映射关系，然后通过虚拟地址来访问。为了能访问所有的物理地址空间，就要将全部物理地址空间映射到 1GB 的内核线性空间中，这显然不可能。于是，内核将 0~896MB 的物理地址空间一对一映射到自己的线性地址空间中，这样它便可以随时访问 ZONE_DMA 和 ZONE_NORMAL 中的物理页面；此时内核剩下的 128MB 线性地址空间不足以完全映射所有的 ZONE_HIGHMEM，Linux 系统采取动态映射的方法，即按需将 ZONE_HIGHMEM 中的物理页面映射到内核空间的最后 128MB 线性地址空间里，使用完后释放映射关系，以供其他物理页面映射。尽管这样存在效率问题，但内核毕竟可以正常访问所有的物理地址空间了。

2.5.3　内存操作函数

本小节主要给出 Linux 系统分别在内核态和用户态下操作内存的函数及简要说明，具体用法请参见 Linux 帮助文档。

1．内核中内存相关的操作函数

● kmalloc( )/kfree( ) 与 vmalloc( )/vfree( )

kmalloc( )和 vmalloc( )相比，kmalloc( )总是从 ZONE_NORMAL（见 2.5.2 小节介绍）申请内存。kmalloc( )分配的内存空间通常用于 Linux 内核系统数据结构和链表。因内核需要经常访问其数据结构和链表，使用固定映射的 ZONE_NORMAL 空间的内存有利于提高效率。使用 vmalloc( )可以申请非连续的物理内存页，并组成虚拟连续内存空间。vmalloc( )优先从高端内存申请。内核在分配那些不经常使用的内存（如用户数据）时，都用高端内存空间。

● alloc_pages( )/free_pages( )

在内核空间申请指定个数的内存页，内存页数必须是 2^{order}（order 最大值为 5）个内存页面。通过函数 alloc_pages( )申请的内存，需要使用 kmap( )函数分配内核的虚拟地址。alloc_pages (_GFP_HIGHMEM)+kmap( )方式申请的内存使用内核永久映射空间，空间较小，不用时需要及时释放。另外，可以指定 alloc_pages( )从直接映射区申请内存，需要使用_GFP_NORMAL 属性指定。

● __get_free_pages( )/__free_pages( )

作用相当于 alloc_pages(NORMAL)+kmap()，但不能申请高端内存页面。__get_free_pages( )只申请一个页面。

● kmap( )/kunmap( )

返回指定页面对应内核空间的虚拟地址。

● virt_to_page( )

其作用是由内核空间的虚拟地址得到页结构。

● ioremap( )/iounmap( )

把 device 寄存器和内存的物理地址区域映射到内核虚拟区域，返回值为内核的虚拟地址。

● request_mem_region( )

外设的 io 端口映射到 io memory region 中。

● SetPageReserved( )

采用页面回收算法，从用户进程和内核告诉缓存中回收内存页框，并根据需要把要回收页框的内容交换到磁盘上的交换区。

● do_mmap( )/do_ummap( )

创建/释放新的线性地址区间。

● get_user_pages( )

在内核空间获取用户空间内存的 page 描述，之后可以通过函数 kmap( )获取 page 对应到内核的虚拟地址。

● copy_from_user( )/copy_to_user( )

主要应用于设备驱动中的读写函数。通过系统调用触发，在当前进程上下文内核态运行。copy_from_user( )可以防止用户程序欺骗内核，将一个非法的地址传进去。

● get_user( )

获取用户空间指定地址的数值并保存到内核变量中。

● put_user( )

将内核空间的变量的数值保存到用户空间指定地址处。

2. 用户态下内存的操作

● 用户空间内存分配的函数有：alloc( )、calloc( )、malloc( )和 relloc( )。

alloc 配置指定字节数的内存空间。与 malloc/calloc 不同的是，alloc 函数从堆栈空间（stack）中配置内存，因此函数返回时会自动释放该空间。

calloc 函数用来配置指定个数的相邻的内存单位，每个单位的大小为指定值，并返回指向第一个元素的指针。它与使用 malloc 函数的效果相同，但在利用 calloc 配置内存时会将内存内容初始化为 0。

malloc 函数的实质体现在它有一个将可用内存块连接为一个列表的空闲链表。调用 malloc 函数时，它沿链表寻找一个大到足以满足用户请求所需的内存块。然后将该内存块一分为二，一块大小与用户请求 size 相符，分配给用户；剩下的那块继续放到链表中。

relloc 用于更改原来内存块的大小到指定字节。若更改的容量值比原来内存空间小，内存内容将保持不变，且返回原来内存的起始地址；若大于原来的内存空间，如果原有内存后还有足够的剩余内存，则 realloc 的内存等于原来的内存加上剩余内存，仍返回原来内存的地址；否则，realloc 将申请新的内存，把原来的内存数据拷贝到新内存中，并释放原来的内存，返回新内存的地址（新分配的内存不会初始化）。若没有指定原内存块大小（即参数为 NOLL），则该调用相当于 malloc( )；若更改的大小为 0，则效果等同于 free(ptr)。

● mmap( )/munmap( )

mmap 用来将某个文件内容映射到内存中，对该内存区域的存取即是直接对该文件内容的读写。

munmap 用来取消参数所指的映射内存起始地址。当进程结束或利用 exec 相关函数执行其他程序时，映射内存会自动解除，但关闭对应的文件描述符时不会解除映射。

● free( )

free 函数用于释放指针指向的内存空间，该指针必须是前面 malloc/calloc/realloc 调用的返回值；如果所指的内存空间已被收回或是未知的内存地址，则可能发生无法预知的情况。若指针为空，则没有任何操作执行。

● getpagesize( )

取得内存分页大小，单位为字节（byte）。此为系统的分页大小，不一定会和硬件分页大小相同。

2.6 设备管理

2.6.1　设备管理策略

Linux 系统的设备资源管理主要通过系统对设备文件的维护来完成。设备文件不同于一般文件，它不包括任何数据，只是操作系统与外部设备交互的一个通道。

Linux 的设备管理策略经历了 3 次变革。在最早期的 Linux 版本中，设备文件只是一些普通的带特殊属性的文件，由 mknod 命令创建，挂载于/dev 下，由普通的文件系统统一管理。随着 Linux 支持的硬件种类越来越多，/dev 下的文件越来越多，而且大部分特殊文件不会映射到系统中存在的设备上，但又不得不保留，因为需要考虑到将来可能添加新硬件。这不仅浪费了大量的空间，而且极易造成管理混乱，为设备检测带来额外的消耗。

Linux 2.4 内核中引入了 Devfs，在一定程度上改善了上述问题。Devfs 也叫设备文件系统（Device Filesystem），不同于传统意义上的文件系统，Devfs 是一个虚拟文件系统。Devfs 会为所有注册的驱动程序在/dev 下建立相应的设备文件，守护进程 devfsd 也将在某个设定的目录中建立以主设备号为索引的设备文件。

使用 Devfs 的好处是，所有需要的设备节点都将由内核自动创建。在设备初始化时，内核程序在/dev 目录下创建相应的设备文件，在设备卸载时将它删除。这意味着/dev 目录下的每一个文件都对应着一个真实存在的物理设备。设备驱动程序可以指定它的设备号、所有者以及权限，在用户空间可以修改设备的所有者和权限。Devfs 为设备管理提供了一个简洁而又轻便的解决方案，但它仍具有一些不可避免的缺陷，如同一个物理设备可能会被映射成不同的设备文件、主/辅设备号不足、占用额外的内核内存等。

Linux 2.6 内核的一个重要特色是提供了统一的内核设备模型，以支持智能电源管理、热插拔，以及“即插即用”的要求。Linux 2.6 引入了新文件系统 Sysfs，它是一个类似于 proc 文件系统的特殊文件系统，用于将系统中的设备组织成层次结构，并向用户程序提供详细的内核数据结构信息。Sysfs 文件系统位于/sys 目录下，包括的子目录主要有以下各项。

- block 目录：包含所有的块设备。
- devices 目录：包含系统所有的设备，并根据设备挂接的总线类型组织成层次结构。
- bus 目录：包含系统中所有的总线类型。
- drivers 目录：包括内核中所有已注册的设备驱动程序。
- class 目录：系统中的设备类型（如网卡设备、声卡设备等）。

kobject 是 Linux 2.6 引入的新的设备管理机制，所有设备在底层都具有统一的接口，kobject 提供基本的对象管理，是构成 Linux 2.6 设备模型的核心结构。它与 Sysfs 文件系统紧密关联，每个在内核中注册的 kobject 对象都对应 Sysfs 文件系统中的一个目录。当 kobject 被创建时，对应的文件和目录也被创建，并将内核所见设备系统展示给用户空间，提供一个完全层次结构的用户视图。

udev 是 Linux 2.6 系列的设备管理器，主要功能是管理/dev 目录下的设备节点。它替代了原来的 devfs，成为当前 Linux 默认的设备管理工具。udev 以守护进程的方式运行于 Linux 系统中，通过监听设备初始化或卸载时内核发出的 uevent 来管理/dev 目录下的设备文件。不同于之前的设备管理工具，udev 运行在用户空间，而不是在内核空间运行。

早期 Linux 版本中，/dev 目录包含所有可能出现的设备的设备文件，而 udev 只为那些连接到 Linux 系统的设备产生设备文件，同时 udev 运行在用户空间，能通过定义一个 udev 规则灵活地产生标志性强的、匹配设备属性的设备文件名。udev 还可以按一定的条件来设置设备文件的权限和设备文件所有者/组。

2.6.2 设备驱动原理

每个物理设备都拥有自己的控制器，每个硬件控制器都有自己的控制状态寄存器，这些寄存器用来启动、停止、初始化设备，以及对设备进行诊断。Linux 系统中硬件设备控制器的管理代码由内核统一管理，这些处理和管理硬件控制器的软件就是设备驱动程序。Linux 内核的设备管理就是通过这些设备驱动程序来完成的，设备驱动程序是操作系统内核和机器硬件之间的接口。

Linux 设备管理的一个基本特征就是设备处理的抽象性，即所有硬件设备都被看成普通文件，用户像操作普通文件一样对硬件进行操作（如打开、关闭、读取或写入设备）。Linux 系统中每个设备都映射为一种特殊的设备文件，保存在/dev 子目录下，对设备的操作其实就是对该目录相应文件的操作。如系统中第一个 IDE 硬盘被表示成/dev/hda，对该文件的读/写操作实际就是读/写它所对应的硬盘。

操作系统对输入/输出设备的管理通过文件系统和驱动程序来完成。用户进程通过设备文件来与实际的硬件打交道，每个设备文件都有文件属性“c”或“b”，表示是字符设备还是块设备。同时，每个设备文件都有两个设备号，第一个是主设备号，标识驱动程序，第二个是从设备号，标识使用同一个设备驱动程序的不同的硬件设备。

用户进程利用系统调用对设备进行诸如 read/write 的操作，系统调用通过设备文件的主设备号找到相应的设备驱动程序，驱动程序根据接收到的执行参数调用相应例程对设备控制器进行操作，最后设备控制器控制硬件设备的运转。整个过程如图 34 所示。这样通过逐层传递和隔离，系统屏蔽了设备的各种特性，使用户的操作简单易行，不必考虑具体设备的运作，只需对设备文件进行操作即可。

Linux 设备驱动程序的主要功能包括：初始化/释放设备、把数据从内核传送到硬件或从硬件读取数据、检测和处理设备出现的错误等。设备不同，设备驱动程序中相应功能的实现方法不同，提供的函数接口也不相同。Linux 为了能统一管理设备，规定了设备驱动程序必须使用统一的接口函数 file_operations。因此，在 Linux 中，设备驱动程序是一组相关函数的集合，主要包含设备服务子程序和中断处理程序。

设备服务子程序囊括了所有与设备相关的代码，每个设备服务子程序只处理一种设备或者紧密相关的设备。其功能就是从与设备无关的程序中接受抽象的命令，根据设备控制器提供的接口，利用中断机制调用中断服务子程序，配合设备来执行这条指令，完成用户请求。设备驱动程序利用统一的接口 file_operations 与文件系统联系起来，即设备各种操作的入口函数都保存在 file_operations 中，对于特定设备不具备的操作，则将其入口置为 NULL。

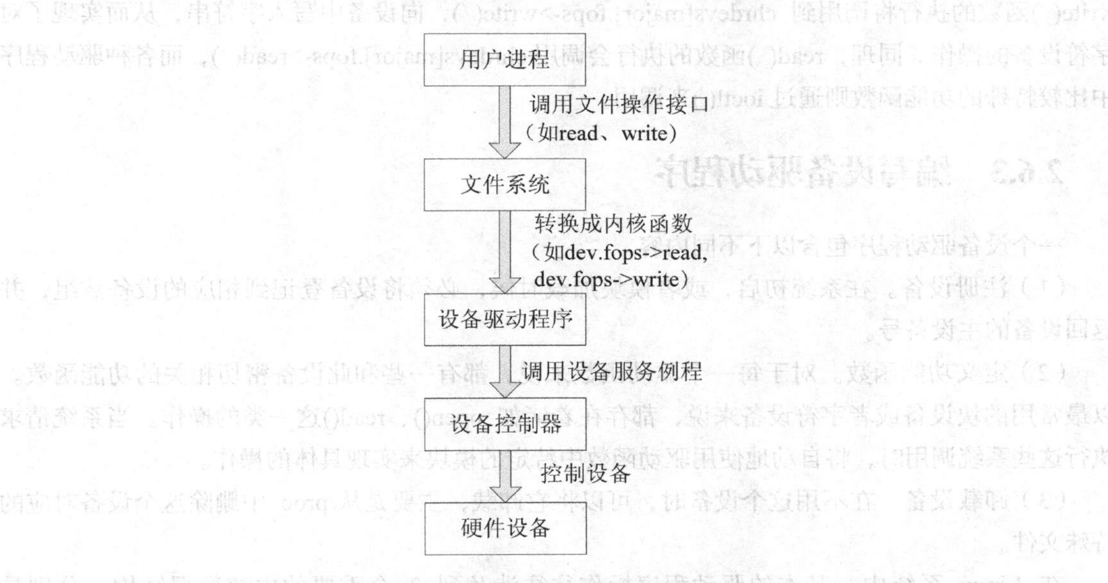

图 34　用户程序使用设备的处理流程

为了管理种类繁多的设备驱动程序，Linux 系统将设备分为字符（Char）设备、块（Block）设备及网络（Net）设备 3 种。字符设备是 Linux 最简单的设备，可以像文件一样访问。初始化字符设备时，它的设备驱动程序向 Linux 登记，并在字符设备（chrdevs）向量表中增加一个条目。鼠标、键盘都属于字符设备。块设备是文件系统的物质基础，也可以像文件一样被访问。Linux 用 blkdevs 向量表维护已经登记的块设备文件。不同于字符设备驱动程序，块设备驱动程序利用一块系统内存作为缓冲区，当用户进程对设备请求能满足用户要求时，就返回请求的数据，否则调用请求函数进行实际的 I/O 操作。块设备主要针对磁盘等慢速设备，以免耗费过多的 CPU 时间来等待。网络设备在系统中的作用类似于一个已挂载的块设备。网络设备在 Linux 中有专门的处理，Linux 网络系统主要是基于 BSD Unix 的 Socket 机制。

Linux 内核中分别用 chrdevs 和 blkdevs 两个全局数组存放字符设备和块设备两类驱动程序。驱动程序调用 register_chrdev 时，将提供的接口函数 fops 存放到 chrdevs[ ]数组中，数组下标即为驱动的主设备号，数组内容包括驱动名称和驱动接口函数。这样，内核就能看到设备对应的驱动程序。

驱动程序运行在内核空间，应用程序通常通过文件系统接口函数访问/dev 目录下的设备文件来访问驱动程序。例如，以下面的程序段为例：

```
fd = open("/dev/mydev", O_RDWR);
lseek(fd, 512, SEEK_SET);
write(fd, write_buffer, 100);
close(fd);
```

应用程序首先调用 open 函数，这是个系统调用函数，程序会进入内核空间调用 sys_open 函数。在 sys_open 函数中，内核根据文件路径“/dev/mydev”找到该文件，假设此时检测到的文件属性为字符设备，则调用函数 chrdev_open( )，该函数中有一条指令：

```
filp->f_op = get_chrfops(MAJOR(inode->i_rdev), MINOR(inode->i_rdev));
```

get_chrfops( )中会返回 chrdevs[major].fops，代表内核从文件系统走到了驱动程序。接下来，write( )函数的执行将调用到 chrdevs[major].fops->write( )，向设备中写入字符串，从而实现了对字符设备的操作。同理，read( )函数的执行会调用 chrdevs[major].fops->read( )，而各种驱动程序中比较特殊的功能函数则通过 ioctl( )来调用。

2.6.3 编写设备驱动程序

一个设备驱动程序包含以下不同内容。

（1）注册设备。在系统初启，或者模块加载时候，必须将设备登记到相应的设备数组，并返回设备的主设备号。

（2）定义功能函数。对于每一个驱动函数来说，都有一些和此设备密切相关的功能函数。以最常用的块设备或者字符设备来说，都存在着诸如 open()、read()这一类的操作。当系统请求执行这些系统调用时，将自动地使用驱动函数中特定的模块来实现具体的操作。

（3）卸载设备。在不用这个设备时，可以将它卸载，主要是从/proc 中删除这个设备对应的特殊文件。

在 Linux 系统中，基本的驱动程序操作往往涉及到 3 个重要的内核数据结构，分别是 file_operations、file 和 inode，它们都在<linux/fs.h>中定义。

file_operations 结构的每个域都对应一个系统调用。用户进程利用系统调用在对设备文件进行诸如 read/write 等操作时，系统调用通过设备文件的主设备号找到相应的设备驱动程序，然后读取该数据结构相应的函数指针，接着把控制权交给该函数。file_operations 所包含的域如图 35 所示。

```
struct file_operations {
        int (*seek) (struct inode * , struct file *, off_t , int);
        int (*read) (struct inode * , struct file *, char , int);
        int (*write) (struct inode * , struct file *, off_t , int);
        int (*readdir) (struct inode * , struct file *, struct dirent * , int);
        int (*select) (struct inode * , struct file *, int , select_table *);
        int (*ioctl) (struct inode * , struct file *, unsined int , unsigned long);
        int (*mmap) (struct inode * , struct file *, struct vm_area_struct *);
        int (*open) (struct inode * , struct file *);
        int (*release) (struct inode * , struct file *);
        int (*fsync) (struct inode * , struct file *);
        int (*fasync) (struct inode * , struct file *, int);
        int (*check_media_change) (struct inode * , struct file *);
        int (*revalidate) (dev_t dev);
}
```

图 35 file_operations 结构的定义

编写设备驱动程序的主要工作就是编写 file-operations 子函数，并填充 file_operations 的各个域。例如：

```
static const struct file_operations mydev_fops = {
        .owner = THIS_MODULE,               /*模块引用，赋值 THIS_MODULE */
        .read = mydev _read,                /*指定设备的读函数 */
        .write = mydev _write,              /*指定设备的写函数 */
        .ioctl = mydev _ioctl,              /*指定设备的控制函数 */
        .open = mydev _open,
        .release = mydev _release
};
```

然后定义函数 mydev_open、mydev_release、mydev_read、mydev_write 等相应的函数体，如下所述。

open( )函数用来打开一个设备，在该函数中可以对设备进行初始化。如果这个函数被复制NULL，那么设备打开永远成功，并不会对设备产生影响。

release( )函数用来释放 open( )函数中申请的资源，并在文件引用计数为 0 时，被系统调用。其对应应用程序的 close( )方法，但并不是每一次调用 close( )方法，都会触发 release( )函数，只有在打开的所有设备文件都释放后，该函数才会被调用。

read( )函数用来从设备中获取数据，成功时返回读取的字节数，失败时返回一个负的错误码。

write( )函数用来写数据到设备中。成功时该函数返回写入的字节数，失败时返回一个负的错误码。

如读函数的代码可写为：

```
/*读函数*/
static ssize_t mydev_read(struct file *filp, char __user *buf,size_t size,loff_t
*ppos)
    {
        ...              /* 此处省略部分代码 */
        if(size>8)
            copy_to_user(buf, *, *);
                      /*当数据较大时，使用 copy_to_user()，效率较高*/
        else
            put_user(*, buf);
                      /*当数据较小时，使用 put_user()，效率较高*/
        ...
    }
```

写完了设备驱动程序，下一项任务就是对驱动程序进行编译和装载。在 Linux 中，除了直接修改系统内核的源代码，把设备驱动程序加进内核外，还可以把设备驱动程序作为可加载的模块，由系统管理员动态地加载它，使之成为内核的一部分。也可以由系统管理员把已加载的模块动态地卸载下来。

在 Linux 中，将 C 语言编写的设备驱动程序源文件拷贝到/usr/src/linux/drivers/misc 目录中，修改该目录下的 Makefile 文件，增加一句指令即可："obj-m +=my_driver.o"。仍然在 misc 目录下执行命令："make –C /usr/src/linux SUBDIRS=$PWD modules"，如果编译成功，将得到后缀

为.ko 的文件。

模块用 insmod 命令加载，用 rmmod 命令来卸载，并可以用 lsmod 命令来查看所有已加载的模块的状态。驱动程序加载成功后，会在/proc/devices 文件中看到“XXX my_driver”字样，表示加载成功。其中，“XXX”表示系统分配的主设备号，“my_driver”是设备注册名。

编写模块程序时，必须提供两个函数，一个是 int init_module(void)，供 insmod 在加载此模块的时候自动调用，负责进行设备驱动程序的初始化工作。另一个函数是 void cleanup_module(void)，在模块被卸载时调用，负责进行设备驱动程序的清除工作。

在成功地向系统注册了设备驱动程序后，就可以用 mknod 命令来把设备映射为一个特别文件（如“mknod /dev/my_driver C 254 0”）。如执行成功，会在/dev 目录下看到一个新的设备文件 my_driver。以后其他程序使用该设备时，只要对此设备文件进行操作即可。

2.7 文件系统

2.7.1 文件系统层次结构

文件系统是操作系统最为重要的一部分，它定义了磁盘上储存文件的方法和数据结构。文件系统是操作系统组织、存取和保存信息的重要手段，并能向用户提供使用文件系统的接口。每种操作系统都有自己的文件系统，如 Windows 系列使用的是 FAT16、FAT32 或 NTFS 文件系统，Linux 使用的是 EXT2、EXT3、EXT4 和 ReiserFS 等。

Linux 系统中每个分区都是一个文件系统，都有自己的目录层次结构（详见 1.3.1 小节）。Linux 会将这些分属于不同分区、单独的文件系统按一定的方式形成一个系统的总的目录层次结构。

在 Linux 文件系统中，首先要建立根文件系统的概念。根文件系统是一种文件系统，该文件系统不仅具有普通文件系统存储数据文件的功能，同时还是 Linux 内核启动时挂载的第一个文件系统。内核代码的映像文件保存在根文件系统中，Linux 系统引导时，启动程序会在根文件系统挂载之后，从中把一些初始化脚本和服务加载到内存中去运行。

之所以在根文件系统前面加一个“根”，说明它是加载其他文件系统的“根”，没有这个根，其他文件系统也就没有办法加载。根文件系统包含系统引导和使其他文件系统得以挂载（mount）所必要的文件。根文件系统包括 Linux 启动时所必须的目录和关键性文件，例如 Linux 启动时需要的 init 目录下的相关文件、Linux 挂载分区时找的/etc/fstab 文件等，根文件系统中还包括许多应用程序的 bin 目录等，任何 Linux 系统启动所必须的文件都可以成为根文件系统中的文件。

Linux 启动时，第一个必须挂载的是根文件系统；若系统不能从指定设备上挂载根文件系统，则系统会出错而退出启动。成功之后可以自动或手动挂载其他文件系统。因此，一个系统中可以同时存在不同的文件系统。

在 Linux 系统中，将一个文件系统与一个存储设备关联起来的过程称为挂载（mount）。使用

mount 命令可以将一个文件系统附着到当前文件系统层次结构的子目录上，这个子目录称为挂载点。在执行挂载时，要提供文件系统类型、文件系统和一个挂载点。根文件系统被挂载到根目录“/”上后，在根目录下就有根文件系统的各个目录和文件，如/bin、/sbin、/mnt 等，这时可以再将其他分区挂载到/mnt 目录上，/mnt 目录下就有这个分区的各个目录和文件。要注意的是，挂载点必须是一个目录；一个分区挂载到一个已存在的目录时，如果该目录不为空，挂载后该目录下以前的内容将不可用。

对于其他文件系统的挂载也是如此，但其他文件系统的格式与 Linux 使用的文件系统格式可能不一样，如光盘的格式是 ISO9660、Windows NT 是 FAT16 或 NTFS 等，挂载前需要了解 Linux 是否支持所要挂载的文件系统格式。

Linux 文件系统使用索引节点来记录文件信息。索引节点是一个结构，包含文件长度、创建及修改时间、权限、所属关系、磁盘位置等信息。一个文件系统维护一个索引节点的数组，每个文件或目录都与索引节点数组中的唯一一个元素对应。系统给每个索引节点分配了一个号码，即该节点在数组中的索引号，称为索引节点号。Linux 文件系统将文件索引节点号和文件名同时保存在目录中。因此，目录只是将文件名称和它的索引节点号结合在一起的一张表，目录中每一对文件名称和索引节点称为一个连接。

每个文件都有一个唯一的索引节点号与之对应，但对于一个索引节点，却可以有多个文件名与之对应。因此，磁盘上的同一个文件可以通过不同的路径去访问它。可以用“ln”命令对一个已经存在的文件再建立一个新的连接，而不复制文件的内容。Linux 系统引入了两种链接：硬链接（Hard Link）和软链接（Soft Link 或 Symbolic Link）。链接为 Linux 系统解决了文件的共享问题，还带来了隐藏文件路径、增加权限安全及节省存储等好处。硬链接文件在磁盘中只有一个拷贝，因此节省了硬盘空间；由于删除文件需要在索引节点对应的文件名唯一的情况下才能成功，因此硬链接可以防止不必要的误删除。

若一个索引节点号对应多个文件名，则称这些文件为硬链接。换言之，硬链接就是多个不同的文件名都指向了相同的物理地址，修改其中任何一个文件，与其链接的其他文件也同时被修改。硬链接可由命令“link”或“ln”创建。由于硬链接是有着相同索引节点号但文件名不同的文件，因此硬链接存在以下几点特性。

- 文件有相同的索引节点号和数据块。
- 只能对已存在的文件创建硬链接。
- 不能跨文件系统（分区）创建文件的硬链接。
- 只能对文件创建硬链接，不能对目录进行创建。
- 删除一个硬链接文件不影响其他有相同索引节点号的文件。

软链接也叫符号链接，与硬链接不同，若文件用户数据块中存放的内容是另一个文件的路径名的指向，则该文件就是软链接。软链接就是一个普通文件，只是数据块内容有点特殊，是它所链接的文件的路径名（类似于 Windows 系统中的快捷方式）。软连接有自己的索引节点号和用户数据块。因此软链接的创建与使用没有类似硬链接的诸多限制，如下所述。

- 软链接有自己的文件属性及权限等。
- 可对存在/不存在的文件或目录创建软链接。
- 软连接可跨文件系统。

● 删除软连接并不影响被指向的文件，但若被指向的原文件被删除，则相关软链接被称为死链接（dangling link）。若被指向的路径文件被重新创建，死链接可恢复为正常的软链接。

可用“ln –s”命令建立文件的软连接。因为可以删除被指向的原文件而保存链接文件（变成死链接），因此软链接没有防止误删除功能。

2.7.2 文件系统格式

随着 Linux 的不断发展，Linux 所支持的文件系统格式迅速扩充。特别是 Linux 2.4 内核正式推出后，出现了大量的新型文件系统，其中包括日志文件系统 EXT3、ReiserFS、XFS、JFS 和其他文件系统。

下面介绍 Linux 系统上几种最常用的文件系统，包括 EXT、EXT2、EXT3、JFS、XFS 和 ReiserFS 等。

● 扩展文件系统 EXT

Linux 最早引入的文件系统类型是 Minix 文件系统。Minix 文件系统由 Minix 操作系统定义，有一定的局限性，如文件名最长 14 个字符，文件最长 64MB。因此出现了另一个针对 Linux 的文件系统，即扩展文件系统（Extended File System）。第一代扩展文件系统（EXT）于 1992 年 4 月引入到 Linux 系统中。EXT 文件系统是第一个使用虚拟文件系统（VFS）交换的文件系统，由于其在稳定性、速度和兼容性上存在许多缺陷，现在已经很少使用。

● 第二代扩展文件系统 EXT2

第二代扩展文件系统（EXT2）于 1993 年 1 月引入到 Linux 系统，是 GNU/Linux 系统中标准的文件系统，也是 Linux 中使用最多的文件系统，其目标是为 Linux 提供一个强大的可扩展文件系统。EXT2 专门为 Linux 设计，拥有极快的速度和极小的 CPU 占用率。EXT2 支持 256 字节的长文件名，既可以用于标准的块设备，也可被应用在软盘等移动存储设备上。EXT2 支持的最大文件系统为 2TB。

由于设计者主要考虑文件系统性能方面的问题，在写入文件内容的同时，EXT2 文件系统并没有写入文件的元数据。也就是说，Linux 先写入文件的内容，然后等到有空时才写入文件的元数据信息。如果出现写入文件内容之后，但在写入元数据之前系统突然断电，就可能造成文件系统的不一致状态。在有大量文件操作的系统中，出现这种情况会导致很严重的后果。

● 第三代扩展文件系统 EXT3

第三代扩展文件系统（EXT3）是 Linux 文件系统的重大改进。EXT3 文件系统引入了日志的概念，是由开放资源社区开发的一种日志式文件系统（Journal File System），以在系统突然停止时提高文件系统的可靠性。EXT3 最大的特点就是它会将整个磁盘的写入动作完整地记录在磁盘的某个区域上，以便在需要时回溯追踪。当某个过程中断时，系统可以根据这些记录直接回溯，并以非常快的速度重整被中断的部分。EXT3 支持从 EXT2 系统就地升级而不必重新格式化，已被广泛应用在 Linux 系统中。EXT3 于 2001 年 11 月引入 Linux。

EXT3 最大的缺点是没有现代文件系统所具有的、能提高文件数据处理速度和解压的高性能。此外，使用 EXT3 文件系统要注意硬盘限额问题。

● EXT4 文件系统

Linux 2.6.28 内核是首个稳定的 EXT4 文件系统。在性能、伸缩性和可靠性方面进行了大量的改进。EXT4 是支持 1EB 的文件系统，最先引入到 Linux 2.6.19 内核中。EXT4 借鉴了很多有用的概念，如区段（extent）式块管理方式、延迟分配等，其在新功能、伸缩性和可靠性等方面有较大改进和创新。

● SWAP

SWAP 是 Linux 系统中一种专门用于交换分区的文件系统，Linux 使用整个 SWAP 分区作为交换空间。通常，SWAP 格式的交换分区容量是内存的 2 倍。在内存不足时，Linux 会将部分数据写到交换分区上。

● ReiserFS

ReiserFS 是一种日志型文件系统，它使用了特殊的、优化的平衡树来组织所有的文件系统数据，既能减轻文件系统设计上的人为约束，又能按需动态分配索引节点，而不必在文件系统创建时建立固定的索引节点，这有助于文件系统更灵活地适应面临的各种存储需要，同时使空间的使用更加高效。

ReiserFS 最大的缺点是，每升级一个版本都要将磁盘重新格式化一次，而且它的安全性能和稳定性与 EXT3 相比有一定的差距。ReiserFS 文件系统还不能正确处理超长的文件目录，如果创建一个超过 768 字符的文件目录，并使用 ls 或其他 echo 命令，将有可能导致系统挂起。

● JFS

JFS 是一种提供日志的字节级文件系统，主要是为满足服务器的高吞吐量和可靠性需求而设计开发的。JFS 文件系统是面向事务的高性能系统，技术上使用的是 B+-tree 为基础的文件系统。除性能稳定外，它的突出优点是快速重启能力，能在几秒或几分钟内就把文件系统恢复到一致状态。

JFS 的缺点是，使用 JFS 日志文件，系统性能上会有一定损失，系统资源占用的比率也偏高。当它保存一个日志时，系统需要写许多数据。

2.7.3　虚拟文件系统 proc

Linux 系统中的/proc 目录是一种文件系统，即 proc 文件系统。与其他常见的文件系统不同的是，/proc 是一种伪文件系统（即虚拟文件系统），存储了当前内核运行状态的一系列特殊文件，并利用这些文件让用户和内核内部数据结构进行交互，查看有关系统硬件及当前正在运行进程的信息，甚至可以通过更改其中的某些文件来改变内核的运行状态。与其他文件系统不同，/proc 存在于内存中，而非硬盘。

基于上述/proc 文件系统的特殊性，其包含的文件也常被称作虚拟文件，并具有一些独特的特点。例如，有些文件虽然使用查看命令查看时会返回大量信息，但文件本身的大小却会显示为 0 字节。此外，这些特殊文件中大多数文件的时间及日期属性皆为当前系统时间和日期，这与它们随时被刷新（存储于 RAM 中）有关。

为了查看及使用上的方便，这些文件通常会按照相关性进行分类，存储于不同的目录甚至子目录中。

/proc 目录中包含很多以数字命名的子目录，这些数字表示系统当前正在运行进程的进程号，里面包含对应进程相关的多个信息文件，其中有些文件是每个进程都具有的，文件及说明如表 8 所示。

表 8　/proc 进程目录下的文件及描述

文 件 名	文 件 描 述
cmdline	启动当前进程的完整命令（僵尸进程对应的该文件不包含任何信息）
cwd	指向当前进程运行目录的一个符号链接
environ	当前进程的环境变量列表（变量用大写字母表示，值用小写字母表示）
exe	指向启动当前进程的可执行文件的符号链接
fd	包含当前进程打开的每一个文件的文件描述符的目录
limits	当前进程所使用的每一个受限资源的软限制、硬限制和管理单元
maps	当前进程关联到的每个可执行文件和库文件在内存中的映射区域及其访问权限所组成的列表
mem	当前进程占用的内存空间，由 open、read 和 seek 等系统调用使用，不能被用户读取
root	指向当前进程运行根目录的符号链接
stat	当前进程的状态信息，可读性差，通常由 ps 命令使用
statm	当前进程占用内存的状态信息
status	与 stat 提供信息类似，但可读性较好
task	目录文件，包含由当前进程所运行的每一个线程的相关信息

/proc 目录下其他常见的文件及说明如表 9 所示。

表 9　/proc 目录下的文件及描述

文 件 名	文 件 描 述
apm	高级电源管理（APM）版本信息及电池相关状态信息，通常由 apm 命令使用
buddyinfo	用于诊断内存碎片问题的相关信息文件
cmdline	在启动时传递至内核的相关参数信息，通常由 lilo 或 grub 等传递
cpuinfo	处理器的相关信息
crypto	系统上已安装的内核所使用的密码算法及每个算法的详细信息列表
devices	系统已经加载的所有块设备和字符设备的信息
diskstats	每块磁盘设备的磁盘 I/O 统计信息列表

续表

文 件 名	文 件 描 述
dma	每个正在使用且注册的 ISA DMA 通道的信息列表
execdomains	内核当前支持的执行域信息列表
fb	帧缓冲设备列表，包含帧缓冲设备的设备号和相关驱动信息
filesystems	当前内核支持的文件系统类型列表
interrupts	X86 或 X86_64 体系架构系统上每个 IRQ 相关的中断号列表
iomem	每个物理设备上的存储器（RAM 或 ROM）在系统内存中的映射信息
ioports	当前正在使用且已经注册过的、与物理设备进行通信的输入-输出端口范围信息列表
kallsyms	模块管理工具，用来动态链接或绑定可装载模块的符号定义，由内核输出
kcore	系统使用的物理内存，用来检查内核数据结构的当前状态
kmsg	保存由内核输出的信息
loadavg	保存关于 CPU 和磁盘 I/O 的负载平均值
locks	保存当前由内核锁定的文件的相关信息
mdstat	保存 RAID 相关的多块磁盘的当前状态信息
meminfo	系统中关于当前内存的利用状况等的信息
mounts	指向/proc/self/mounts 文件的符号链接
modules	当前装入内核的所有模块名称列表
partitions	块设备每个分区的主设备号和次设备号等信息
pci	内核初始化时发现的所有 PCI 设备及其配置信息列表
slabinfo	内核中频繁使用对象及相关 sla 的信息
stat	自系统启动以来实时追踪的多种统计信息
swaps	当前系统上的交换分区及其空间利用信息
uptime	系统中启动以来的运行时间
version	当前系统运行的内核版本号
vmstat	当前系统虚拟内存的多种统计数据
zoneinfo	内存区域的详细信息列表

上述大多数虚拟文件可以被用于收集有用的、关于系统和运行中的内核信息，属性为只读，可以使用文件查看命令如 cat、more 或者 less 进行查看。有些文件信息表述的内容一目了然，但也有文件的信息不具有可读性，需要利用一些命令如 apm、free、lspci 或 top 等查看。

/proc 文件系统通过/proc 目录中的一些可读写文件提供对内核的交互机制。写这些文件可以改变内核的状态，因此必须慎重改动这些文件。/proc/sys 目录存放所有可读写的文件目录，可被用于改变内核行为，如下所述。

- /proc/sys/kernel：包含通用内核行为的信息，可修改主机名、域名等。
- /proc/sys/net：可用于修改机器/网络的网络属性。

2.8 内核编程

Linux 内核是一个庞大而复杂的操作系统核心，采用子系统和分层的思想很好地进行了组织。

2.8.1 内核体系结构

Linux 内核的主要作用是为了与计算机硬件交互，实现对硬件部件的控制和管理，调度对硬件资源的访问，并为用户程序提供良好的执行环境和用户界面。Linux 内核采用单内核模式，所有基本服务都集成到内核中。Linux 内核的体系结构如图 36 所示，从上向下依次分为 3 层。最上面是系统调用接口，实现一些基本的功能，为应用程序提供服务。系统调用接口之下是内核代码，可以更精确地定义为独立于体系结构的内核代码，这些代码是 Linux 所支持的、所有处理器体系结构通用的代码。这些代码之下是依赖于体系结构的底层内核代码，是给定体系结构的处理器或特定于某个平台的代码。系统提供的服务流程为：应用程序通过系统调用请求系统服务，CPU 从用户态切换到核心态，然后系统根据用户提供的参数调用系统服务程序，而这些服务程序在执行过程中调用底层的一些支持函数，完成特定的功能。在完成应用程序请求的服务后，系统切换到用户态，应用程序继续执行后继指令。

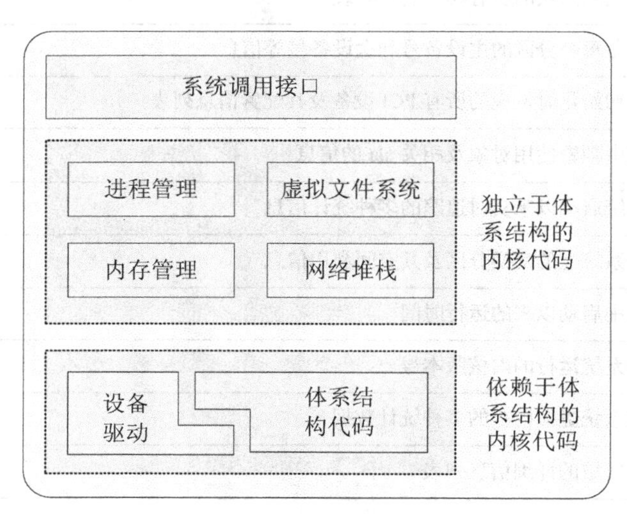

图 36　Linux 内核体系结构

Linux 内核实现了很多重要的体系结构属性。在或高或低的层次上，内核被划分为多个子系统。根据功能的不同，Linux 内核可以分为进程调度、内存管理、文件系统、进程间通信和网络接口 5 个子系统。进程调度子系统负责控制进程对 CPU 资源的使用，确保各进程能公开合理地访问 CPU，并及时地执行硬件操作。内存管理子系统让所有进程能够安全地共享内存资源，并利用虚存技术扩充主存的容量。文件系统支持对外部设备的驱动和存储，通过虚拟文件系统提供通用的文件接口，隐藏各种硬件设备的实现细节，同时支持与其他操作系统兼容的多种文件系统格式。进程间通信子系统提供多种信息交换方式实现进程间的通信。网络接口支持各种网络硬件利用多种网络通信标准进行相互访问和互通。

进程调度子系统是 Linux 内核的核心子系统，其他子系统都与进程调度子系统相互作用，各子系统之间也存在一定的依赖关系，如图 37 所示。例如，进程调度子系统利用内存管理子系统来调整进程的物理内存映射表，以确保进程被恢复时能正确地返回到断点继续执行；进程间通信子系统借助内存管理功能实现基于共享内存的进程间通信机制，该机制允许两个进程在访问各自私有内存的同时，还可访问相互共享的内存区域；虚拟文件系统利用网络接口实现网络文件系统（NFS），内存管理子系统利用虚拟文件系统实现对换机制（swapping），期间内存管理子系统又依赖于进程调度实现进程控制：当一个进程读取的内存页被换出时，内存管理向文件系统发出存储请求，并挂起当前正在运行的进程。

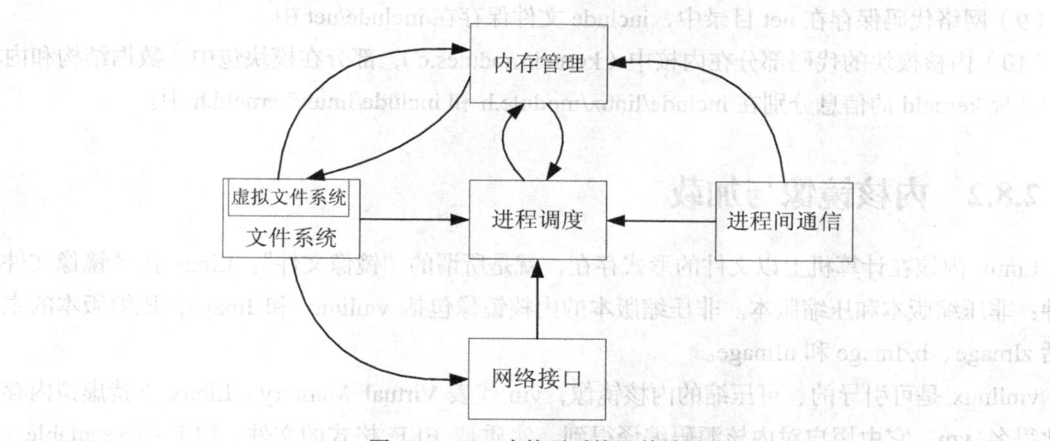

图 37　Linux 内核子系统及其关系

Linux 内核有很多不同的版本。对不同的内核版本，系统调用一般相同；新版本可以增加新的系统调用，但原有的系统调用将保持不变。Linux 内核源代码有一个简单的数字系统，任何偶数内核（如 2.6.30）是一个稳定的版本，而奇数内核（如 2.6.31）是正在发展中的内核。对内核源代码的修改以补丁文件的形式发布。patch 程序用来对内核文件进行一系列的修订。

Linux 内核源代码位于/usr/src/linux 目录下，结构分布已在 1.3.1 小节的图 5 中提到，每个目录或子目录可以看作一个模块，此处不再赘述。阅读并深入分析 Linux 源代码是透析 Linux、深入了解操作系统本质的最有效的途径。但 Linux 内核庞大而复杂，要想了解 Linux 源代码，可以遵循以下思路。

（1）当 LILO 或 GRUB 把内核装载到内存，并把控制权传递给内核时，内核开始启动。Linux 系统启动和初始化代码在 arch/i386/kernel/head.S 中。该文件进行特定结构的设置，然后跳转到 init/main.c 的 main( )例程。

（2）内存管理详见 mm 目录，特定结构的代码在 arch/**/mm 目录中。缺页中断处理的代码在 mm/memory.c 文件中，内存映射和页高速缓存器的代码在 mm/filemap.c 文件中，缓冲器高速缓存在 mm/buffer.c 中实现，交换高速缓存在 mm/swap_state.c 和 mm/swapfile.c 中实现。

（3）内核的特定结构代码在 arch/**/kernel 中，调度程序在 kernel/sched.c 中，fork 代码为 kernel/fork.c，task_struct 数据结构在 include/linux/sched.h 中定义。

（4）PCI 伪驱动程序在 drivers/pci/pci.c 程序中，在 include/linux/pci.h 中定义。每一种结构都有一些特定的 PCI BIOS 代码，Intel 的在 arch/alpha/kernel/bios32.c 中。

（5）所有 System V 进程间通信对象权限都包含在 ipc_perm 数据结构中（include/linux/ipc.h）。System V 消息在 ipc/msg.c 中实现，共享内存在 ipc/shm.c 中，信号量在 ipc/sem.c 中，管道在 ipc/pipe.c 中实现。

（6）中断处理代码在 arch/i386/kernel/irq.c 中，在 include/asm-i386/irq.h 中定义。

（7）Linux 设备驱动程序的所有源代码都保存在 driver，根据设备类型分别保存在 char、block、cdrom、scsi 等子目录下。

（8）EXT2 文件系统的源代码在 fs/ext2 目录下，数据结构定义在 include/linux 目录的 ext2_fs.h、ext2_fs_i.h 和 ext2_fs_sb.h 中。

（9）网络代码保存在 net 目录中，include 文件保存在 include/net 中。

（10）内核模块的代码部分在内核中（kernel/modules.c），部分在模块包中。数据结构和内核守护进程 kerneld 的信息分别在 include/linux/module.h 和 include/linux/kerneld.h 中。

2.8.2 内核镜像与加载

Linux 内核在计算机上以文件的形式存在，就是所谓的“镜像文件”。Linux 内核镜像文件有两种：非压缩版本和压缩版本。非压缩版本的内核镜像包括 vmlinux 和 Image，压缩版本的主要包括 zImage、bzImage 和 uImage。

vmlinux 是可引导的、可压缩的内核镜像，vm 代表 Virtual Memory。Linux 支持虚拟内存，因此得名 vm。它由用户对内核源码编译得到，实质是 ELF 格式的文件。ELF（Executable and Linkable Format，可执行可链接格式）格式文件是 Unix 实验室作为应用程序二进制接口而发布的，在 ELF 格式的文件中，除二进制代码外，还包括该可执行文件的某些信息（如符号表等）。vmlinux 是编译出来的最原始的内核文件，未经压缩处理。

Image 是经过 objcopy 处理的、只包含二进制数据的内核代码。程序 objcopy 的作用是将一个目标文件的内容拷贝到另一个目标文件中，也就是说，可以将一种格式的目标文件转换成另一种格式的目标文件。通过使用 binary 作为输出目标(-o binary)，可产生一个原始的二进制文件，其实质是抛弃所有符号和重定位信息，只留下二进制数据。Image 不是 ELF 格式，这种格式的内核镜像也没有压缩。

zImage 是 ARM linux 常用的一种压缩镜像文件，它由 vmlinux 加上解压代码经 gzip 压缩而成，比 Image 要小，命令格式是“make zImage”。为了能使用 zImage，必须在它的开头加上解压缩的代码，将其解压缩之后才能执行，因此它的执行速度比 Image 慢。bzImage 表示 big zImage，格式与 zImage 类似，但采用了不同的压缩算法，bzImage 的压缩率更高。

uImage 是 uboot 专用的镜像文件，它在 zImage 之前加上了一个长度为 0×40 的头信息，说明了该镜像文件的类型、加载位置、生成时间、大小等。若直接从 uImage 的 0×40 位置开始执行，则 zImage 和 uImage 没有任何区别。uImage 的命令格式是"make uImage"。

Linux 系统通过执行不同阶段的引导加载程序（如 LILO、GRUB）来引导操作系统（详见 2.1.1 小节），从/boot 目录中找到内核镜像并加载到内存，接下来由内核接管、引导加载过程。整个加载过程中执行的操作和对应的内核源代码如表 10 所示。

表 10　Linux 内核加载操作与对应源代码

操 作 步 骤	操作对应的内核源代码
设置硬件	arch/i386/boot/head.S 中的 start( )
设置基本环境，并清除 BSS（Block Started by Symbol）	arch/i386/boot/compressed/head.S 中的 startup_32( )
解压内核	arch/i386/boot/compressed/misc.c 中的 decompress_kernel( )
启动 swapper（0 进程）进程，初始化页表，启动 CPU 内存分页并检测 CPU 类型	arch/i386/kernel/head.S 中的 startup_32( )
进入与体系结构无关的内核部分：设置中断、配置内存、加载 RAM、启动 init 进程	init/main.c 中的 start_kernel( )
启动空任务，调度器接管控制权	init/main.c 中的 cpu_idle( )

2.8.3　动态模块加载

Linux 是一个一体化内核（Monolithic Kernel）系统，核心中所有的功能部件都可以对其全部内部数据结构和例程进行访问。同时，Linux 也是一个动态内核，支持动态添加或删除软件组件。Linux 模块是可在系统启动后的任何时候动态连入核心的代码块，当不再需要它时，又可以将它从核心中卸载并删除。这些模块被称为动态可加载内核模块，多指设备驱动、伪设备驱动，如网络设备和文件系统。

动态加载模块的好处在于可以让系统内核短小精悍，还可以不用重构和重启核心就尝试运行新的核心代码。但与此同时，也有可能带来与核心模块相关的性能与内存损失。可加载模块的代码一般比较长，额外的数据结构可能会占据一些内存，同时对核心资源的间接使用可能带来一些效率问题。

Linux 模块加载后，它和普通核心代码一样都成为核心的一部分，具有与其他核心代码相同的权限和职责。核心模块的加载方式有两种：使用 insmod 命令手工加载模块和在需要时加载模块（请求加载）。

当核心发现有必要加载某个模块时，核心将请求核心后台进程（kerneld）加载适当的模块。这个核心后台进程仅仅是一个带有超级用户权限的普通用户进程。当系统启动时，它也被启动并为核心打开一个进程间的通信通道。核心需要执行各种任务并通过它向 Kerneld 发送消息。Kerneld 通过某些程序（如 insmod）来加载和卸载核心模块，它是核心的代理，为核心进行调度。

核心模块是被连接成可重定位的映像文件，可以是 a.out 或 ELF 文件格式。insmod 程序执行一个特权级系统调用，找到要求加载的核心模块，将模块读入虚拟内存，并修改未解析的核心例程和资源的引用地址（模块映像），修改完成后为其分配一个新的 module 结构以及足够的核心内存保存新模块，并将它放到核心模块链表的尾部，并将新模块标识为 UNINITIALIZED。

模块可以通过 rmmod 命令删除，请求加载模块将被 kerneld 在其使用记数为 0 时自动从系统中删除。kerneld 周期性地执行一个系统调用，以便将系统中所有不再使用的请求加载模块从系统中删除。这意味着如果核心中的其他部分还在使用某个模块，则此模块不能被卸载。

Linux 系统中，内核模块管理命令主要有以下几个。

- lsmod：列出目前系统中已加载的模块的名称及大小。
- modinfo：查看模块信息，以便判定该模块的用途。
- modprobe：挂载新模块及新模块依赖的模块。
- rmmod：移除已挂载模块。
- depmod：创建模块依赖关系的列表。
- insmod：挂载模块。

具体命令的使用方法请自行参阅 Linux 帮助文档。

与内核模块加载相关的配置文件是/etc/modules.conf（或/etc/modprobe.conf）。在这个文件中，一般需要写入模块的加载命令或模块的别名的定义等，以便开机自动挂载该模块。

第 3 章 实验开始——精通 Linux

3.1 Linux 的基本使用与管理

实验一　Linux 的安装及配置

实验目的

（1）熟悉 Linux 操作系统的基本安装和配置。

（2）了解 Linux 操作系统的启动过程和桌面环境。

（3）掌握 VMWare 虚拟机的使用。

实验内容

（1）从网上下载 VMware 软件和两个不同的 Linux 发行版镜像文件。

（2）安装 VMWare 虚拟机软件。

（3）在 VMWare 中利用第一个镜像文件完成第一个 Linux 的安装，期间完成网络信息、用户信息、文件系统及硬盘分区等的配置。

（4）在 VMWare 中利用第二个镜像文件完成第二个 Linux 的安装，并通过 LILO 或 GRUB 解决两个操作系统选择启动的问题。

实验指导

1. LILO 的使用

LILO（LIux LOader）是 Linux 自带的引导管理器，主要功能是引导 Linux 操作系统的启动，还可以引导其他操作系统，如 DOS、Windows 等。LILO 的配置通过位于/etc/lilo.conf 的配置文件来完成。LILO 读取该配置文件，按照其中的参数写入系统引导区。LILO 的引导参数有很多，比较重要的参数有下面几个。

- “boot=”：指明包含引导扇区的设备名。通常 LILO 可安装在 MBR、Root 或 Floppy 上。MBR 是第一个硬盘的主引导区，对应于/dev/hda 或/dev/sda 等。Root 是 Linux 根分区的超级块，对应于/dev/hda1、/dev/hda2 或/dev/sda1 等。Floppy 表示 LILO 安装在软盘上，对应于/dev/fd0。不指定时，LILO 默认安装在根分区超级块上。
- “root=”：此参数说明内核启动时以哪个设备作为根文件系统使用，其设定值为构造内核时根文件系统的设备名。
- “image=”：指定 Linux 的内核文件。
- “label=”：此参数为每个映像指定一个名字，以供引导时选择。
- “read-only”：设定以只读方式挂入根文件系统，用于文件系统的一致性检查。
- “install=”：安装一个指定文件作为新的引导扇区，默认为/boot/boot.b。

图 38 给出了 LILO 的一个示例配置，支持 Linux、自编译 Linux 和 Windows 的多重引导。

```
boot=/dev/hda              /* LILO 的安装位置 */
map=/boot/map              /* 指向引导期间 LILO 内部使用的映射文件 */
install=/boot/boot.b       /* 开机区的信息 */
prompt                     /* 强制出现 boot 的开机信息 */
timeout=100                /* 引导默认操作系统前的等待时间（单位：0.1 秒）*/
compact                    /* 整合一些读取的扇区，使 map 较小，加速引导过程*/
default=Linux              /* 设置默认引导映像，与下面的 label 对应 */

image=/boot/vmlinuz-2.4.18-14   /* 引导的内核映像文件 */
    label=Linux            /* 启动选择的标识符 */
    root=/dev/hdb3         /* Linux 系统的根文件系统的安装位置 */
    read-only              /* 以只读方式安装，防止启动中的误操作 */
    password=linux         /* 为将要引导的特定操作系统设置口令 */

image=/boot/vmlinuz-2.4.18-20
    label=new-Linux
    read-only
    root=/dev/hda3

other=/dev/hda             /* 另一个操作系统的 boot loader 的安装位置 */
    label=WindowsXP        /* 启动选择的标识符为 WindowsXP */
```

图 38　LILO 配置文件 lilo.conf 实例

编辑好 lilo.conf 后，运行指令“lilo”，将 Linux 引导程序写入硬盘；重启计算机，即可通过 lilo 选择各个操作系统或多个不同 Linux 的内核。

2. GRUB 的使用

GRUB（Grand Unified Boot loader）负责装入内核并引导 Linux 系统。与 LILO 相同，GRUB 还可以引导其他操作系统。但 GRUB 有一个特殊的交互式控制台方式，可以手工装入内核并选择引导分区：以 root 用户身份输入命令“/boot/grub/grub”，将加载一个类似于 Bash 的命令提示符，即可使用各种 GRUB 命令。

GRUB 的最新版为 GRUB 2，在各个 Linux 发行版中都有打包。如果系统采用的是 LILO，可以用系统自带的 GRUB 软件包来安装，或者到相关发行版本的软件仓库下载后安装。GRUB 2 的配置通过/boot/grub/grub.cfg 配置文件完成，该文件不能直接被用户修改，而是由系统自动生成。可编辑的 GRUB 2 配置文件主要包括/etc/default/grub 和/etc/grub.d/目录下的各文件。

```
GRUB_DEFAULT=0                                   # 设定默认启动项
GRUB_HIDDEN_TIMEOUT=0                            # 不显示引导菜单
GRUB_HIDDEN_TIMEOUT_QUIET=true                   # 不显示引导菜单时的倒计时
GRUB_TIMEOUT=10                                  # 设定启动选择菜单的时间（设为-1 取消倒计时）
GRUB_DISTRIBUTOR='lsb_release -i -s 2> /dev/null || echo Debian'
                                                 # 获得发行版名称
GRUB_CMDLINE_LINUX_DEFAULT="quiet splash"
           #导入每个启动项的“linux”命令行，但只添加到 normal mode 的启动项
GRUB_CMDLINE_LINUX_DEFAULT=""

#GRUB_TERMINAL=console                           # 取消注释以允许图形终端

#GRUB_GFXMODE=640*480                            # 分辨率设定，否则采用默认值


#GRUB_DISABLE_LINUX_UUID=true
                   # 取消注册以阻止 GRUB 将传递参数“root=UUID=xxx”传递给 Linux

#GRUB_DISABLE_LINUX_RECOVERY="true"
                                                 # 取消启动菜单中的“Recovery Mode”选项
```

图 39　系统默认的/etc/default/grub 文件内容

影响 GRUB 2 的主要配置存放在/etc/default/grub 中，可修改启动项、更改分辨率、禁用操作系统探测器等。大部分情况下，GRUB 2 的设置都可以通过该文件完成，该文件结构简单，修改比较容易，完全没有必要直接修改/boot/grub/grub.cfg 或/etc/grub.d/目录下的文件。图 39 为系统默认的配置文件/etc/default/grub 的内容。

修改完成后，执行命令“update-grub”会自动更新/boot/grub/grub.cfg。这种方式最大的好处

是，当系统更新内核时，修改的设置不会被覆盖。

实验提示

本次实验可首先阅读本书第 1.1 节内容，了解 VMWare 的使用和 Linux 的安装过程后完成，Linux 的分区可利用 LILO 或 GRUB 工具，具体使用方法可参阅本实验的实验指导。

实验二 Linux 基本环境与使用

实验目的

（1）了解 Linux 的命令格式，掌握 Linux 中的操作命令。

（2）学会使用各种 Shell 命令操作 Linux，对 Linux 有一个感性认识。

（3）学会如何得到帮助信息。

实验内容

（1）使用 man 命令获得 ls、uname、date、cal、mkdir、cp 等 Linux 命令的帮助手册，了解这些命令的具体使用方法。同时，也可以通过执行“命令名 --help”来显示该命令的帮助信息，如“ls --help”，试用这些命令。

（2）通过 uname 命令的执行，查看并给出相关系统信息：操作系统的名称、系统域名、系统 CPU 名称等。

（3）用 date 命令显示当前的时间，用 cal 命令显示 2008、2013 年的日历，给出执行的命令和显示的结果。

（4）在主目录下创建一个名为 myetc 的子目录，将/etc 目录下与网络相关的文件和子目录拷贝到该目录下，并将文件的执行权限设置为可执行。

实验指导

Linux 的 man 命令（即 manual），是系统手册的电子版本，用于查阅一些命令/函数的帮助信息。有时候我们只知道一个函数的大概形式，不记得确切的表达式，或不记得函数在哪个头文件进行说明，这时可以求助系统。如想知道 fread 函数的确切形式，只要执行“man fread”系统就会输出函数的详细解释，以及函数所在的头文件<stdio.h>说明。

Linux 系统手册被分成很多 section，使用 man 时可以指定不同的 section 浏览，各个 section 的意义为：‘1’表示该命令是普通的用户命令，‘2’表示是系统调用（可以查到调用该函数需要加什么头文件），‘3’表示为 C 语言库函数，‘4’表示设备或特殊文件，‘5’表示文件格式和规则（说明该文件中各个字段的含义），‘6’表示游戏和娱乐（由各个游戏自己定义），‘7’表示宏、包及其他杂项，‘8’表示给系统管理员使用的命令（即只能由 root 使用该命令）。

若想指定 section，就直接在 man 命令后面加上数字。如我们要查看 write 函数的说明，当执行“man write”时，输出结果却不是我们所需要的。因为我们要的是 write 函数的说明，可显示的却是 write 命令的说明。为了得到 write 函数说明，我们需要用“man 2 write”。2 表示我们用的 write 函数是系统调用函数。

执行“man named”命令，屏幕上会显示“NAMED(8)”字样，说明 named 是包含在“系统管理员相关的命令”中。对于像 open 这种既有命令、又有系统调用的，若不加数字执行，man 命令默认从数字较小的手册中寻找相关命令和函数，即“man open”执行的结果将显示“open(1)”，如希望查看 open 系统调用，则需输入“man 2 open”。

man 命令执行中往往包含很多的字段，它们分别是以下这些。

- NAME：简短的命令、数据名称说明。
- SYNOPSIS：简短的命令语法描述。
- DESCRIPTION：较为完整的说明。
- OPTIONS：针对 SYNOPSIS 部分中，所有可用的选项说明。
- COMMANDS：程序运行时可在该程序中执行的命令。
- FILES：程序或数据所使用/参考/连接到的某些文件。
- SEE ALSO：可参考的、与该命令或数据有关的其他说明。
- EXAMPLE：一些可参考的范例。
- BUGS：是否有相关的错误。

通常只需关注 NAME、DESCRIPTION 两个字段，NAME 代表该命令的名称，DESCRIPTION 为该命令的一些常见参数及代表的含义。

实验提示

本次实验可在阅读本书第 1.2 节内容并对 Linux 的使用有个基本的了解和认识后开始。在使用 Linux 操作命令的过程中，可借助“man”了解相关命令的功能描述和参数的使用方法（见本实验的实验指导）。

实验三　Linux 文件处理

实验目的

（1）熟悉 Linux 文件系统的文件和目录结构，掌握 Linux 文件系统的基本特征。

（2）掌握命令行方式下文件操作命令和程序中文件操作函数的使用方法。

（3）掌握 Linux 文件系统的加载和卸载方法。

实验内容

（1）在用户主目录下创建图 40 所示的目录树，列出完成该过程的所有命令。

（2）在/usr/bin 目录下有多少个普通文件、目录文件和链接文件？如何得到这些信息？

（3）显示用户主目录下的所有隐藏文件的文件名，列出执行的命令及输出结果。

（4）实现对光盘、移动硬盘的加载和访问，然后卸载设备。

（5）让系统开机时自动加载 Windows 文件系统，实现对 Windows 数据的访问和共享。

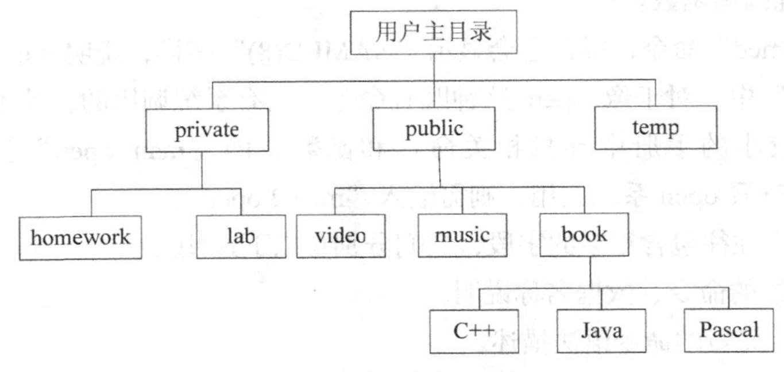

图 40　需创建的目录树

实验指导

1. 隐藏文件

在 Linux 系统中，以点“.”开头命名的文件被视为隐藏文件。如果想隐藏某个文件或目录，一种简单的办法就是把文件命名为点开头。查看以点开头的隐藏文件，可以通过命令“ls -a”实现，“-a”表示不忽略以点“.”开头的文件。

用户主目录下的隐藏文件一般包括以下各项。

- .bash_history：存储在 Shell 提示符下输入的 500 个指令。使用 history 命令可查看使用过的命令。
- .bash_logout：使用者注销之前执行的命令。如果希望在注销系统后，能自动处理一些琐事（如清除暂存文档、清除屏幕等），可将命令放在该文件中。
- .bash_profile：存储专用于自己使用的 Shell 信息。当用户登录时，该文件仅执行一次。默认情况下，该文件设置一些环境变量，执行用户 .bashrc 文件。
- .bashrc：包含专用于自己的 Bash Shell 的 Bash 信息。当登录或每次打开新的 Shell 时，该文件将被读取。

2. 挂载存储设备

在 Linux 系统中，如果需使用存储设备（如硬盘、光盘、U 盘等），必须先将其挂载，然后当成目录来进行访问。挂载设备使用 mount 命令。在使用 mount 命令之前，必须获知 3 种信息：mount 对象的文件系统、mount 对象的设备名称和 mount 的目录（设备挂载点）。

系统支持的文件系统类型可以通过执行“cat /proc/filesystems”命令来获得。常用的文件系统详见表 11。

Linux 中，设备名称通常放在/dev 中。这些设备名称都是有规则的，可以用推理的方式找到设备名。如/dev/hda1 为 IDE 设备，其中 hd 表示 Hard Disk，此外，sd 为 SCSI Device，fd 为 Floppy Device。a 代表第一个设备，通常 IDE 接口可以接 4 个 IDE 设备，因此可以通过 hda、hdb、hdc 和 hdd 来识别 IDE 硬盘。hda1 中的数字 1 代表 hda 的第一个硬盘分区，hda2 代表 hda 的第二个分区，以此类推。还可以直接检查/var/log/messages 文件，查找开机后系统已辨认出来的设备代号。

表 11 常用的文件系统

文件系统名称	文件系统描述
vfat	Windows 95/98 常用的 FAT 32 文件系统
ntfs	Windows NT 文件系统
hpfs	OS2 文件系统
ext2	Linux 文件系统
iso9600	光盘文件系统

设备挂载点一般放在/mnt 目录下，根据设备名设定子目录名称，如/mnt/cdrom、/mnt/floppy 等。

mount 命令的执行能实现设备的手动挂载，关于 mount 命令的使用，请利用 man 命令或借助互联网自行查阅。如需实现自动挂载，可以修改/etc/fstab 文件，增加对拟挂载设备的设置。

对光驱的使用，直接通过 mount 命令（如 mount /dev/cdrom /mnt/cdrom）的执行，就可以进入/mnt/cdrom 目录下读取光盘内容。如需退出光盘，须使用 umount 命令（umount /mnt/cdrom）或执行 eject 命令，否则光驱将一直处于死锁状态。

移动硬盘（或 U 盘）的加载稍微复杂，分为以下几步。

（1）以 root 用户登录，加载 USB 模块：modprobe usb-storage；

（2）在 Linux 系统中，USB 接口的移动硬盘被当作 SCSI 设备对待。用“fdisk –l”或“more /proc/partitions”命令查看磁盘设备（假设移动硬盘是 sda1）；

（3）确定移动硬盘的挂载点（如/mnt/usb），执行加载命令：

```
mount -t vfat /dev/sda1 /mnt/usb
```

成功后，访问/mnt/usb 目录即可使用移动硬盘了。使用完后，通过“umount /mnt/usb”命令卸载。

实验提示

本次实验可在阅读本书 1.3 小节内容和实验指导后进行。本实验的实验指导对 1.3 节中未提及的隐藏文件和存储设备的挂载进行了补充说明。

实验四 vi 编辑器的使用

实验目的

（1）了解用 vi 编辑器编辑文本文件的基本使用方法。

（2）熟练运用 vi 编辑器进行快速文档编辑。

实验内容

（1）在当前用户目录下建立 vitest 子目录，将/etc/inittab 文件拷贝到 vitest 子目录中。

（2）用 vi 编辑器打开该文件，执行下述操作，并详细说明操作过程及方法。

① 删除第 5,15 和 25 行指令。

② 将文本中所有的“etc”字符串替换成“config”。

③ 复制第 11~20 行的内容，并且贴到文件最后一行之后。

④ 将每行开头的第一个字符“#”删除。

⑤ 删除包含有字符串“conf”的那几行。

⑥ 在第一行新增一行，输入你的姓名和学号。

⑦ 将文件另存为 new-inittab.conf。

实验提示

请在阅读本书第 1.4.1 节内容、了解 vi 编辑器的使用方法后，完成该实验。

3.2　操作系统原理实践

实验一　系统初始引导

实验目的

（1）理解和掌握 Linux 系统管理命令和管理文件。

（2）了解 Linux 系统的引导启动过程。

（3）掌握 Linux 开机服务启动流程与方法。

实验内容

（1）分析 Linux 初始化程序执行脚本文件/etc/inittab，了解该程序的执行流程，画出流程图。

（2）分析 Linux 系统中/etc/rc.d 目录下的系统初始化启动命令，和 init.d 目录下的启动守护进程的命令，说明在该启动过程中系统执行了哪些操作。

（3）编制一个 Shell 程序，并让该程序在用户登录时自动执行，显示提示信息“Welcome! Have a nice day!”，并在命令提示符中包含系统名称、内核版本、当前目录、当前用户名等基本信息。

（4）编写一个 daemon 进程，该进程每隔 10 秒执行 ps 命令，并将当前时间和命令的输出写至文件 ps.log 尾部。

实验指导

在Linux初始化过程中，Linux内核启动init进程（1号进程），init进程是Linux所有进程的父进程，所有进程由它控制。Linux distros有两种init方式：广为流传的System V initialization和近几年提出的Upstart方式。System V初始化方式来源于Unix，至今仍被各种Linux distros采用；Upstart方式基于事件机制，系统所有的服务、任务都由事件驱动。

采用Upstart方式的Linux系统中没有inittab文件，但在System V initialization中，/etc/inittab是相当重要的一个文件。init进程根据/etc/inittab文件在不同的运行级别启动相应的进程，或执行相应的操作。假设当前inittab中设置的默认级别为3，则init将运行/etc/init.d/rc 3命令，该命令将依据系统服务的依赖关系遍历执行/etc/rc3.d中的脚本/程序。

inittab文件中定义的登记项都以冒号隔开4个段，格式为：id:runlevels:action:process。其中，id是每个登记项的标识符，用于唯一标识每个登记项，不能重复。runlevels字段指定系统启动级别，表示process的action在哪个级别下运行；可以指定多个启动级别，各级别之间直接写、不用分隔符，也可以不为该字段指定特定的值（为空），表示在所有的启动级别运行。action字段定义登记项的process在一定条件下所要执行的动作。主要动作包括：respawn（process终止后马上启动一个新的）、wait（进入指定的启动级别后启动process，并且到离开该级别时终止）、initdefault（设定默认的启动级别）、sysinit（系统初始化）、ctrlaltdel（用户按下【Ctrl+Alt+Del】组合键时执行对应的process）等。process表示启动哪个程序/脚本或执行哪个命令。

/etc/rc.d/rc*.d（*表示对应登记项process字段rc后的数字）目录中存放在对应启动级别下需要开启和禁用的服务的文件。当进入某个启动级别时，系统会把/etc/rc.d/rc*.d目录中所有以'S'开头的文件启动，把以'K'开头的文件禁用，并且这些文件只在进入相应的启动级别时执行一次，退出该级别时失效。所以每个启动级别的服务是相互独立的。

编程示例

一个简单的守护进程实例。

```
#include<stdio.h>
#include<stdlib.h>
#include<string.h>
#include<fcntl.h>
#include<sys/types.h>
#include<unistd.h>
#include<sys/wait.h>
#include <signal.h>

#define MAXFILE 65535
void sigterm_handler(int arg);
volatile sig_atomic_t _running = 1;

int main() {
```

```
    pid_t pc,pid;
    int i,fd,len;
    char *buf="this is a Dameon\n";
    len = strlen(buf);
    pc = fork();            //创建一个进程作守护进程
    if(pc<0) {
        printf("error fork\n");
        exit(1);
    } else if (pc>0) {
        printf("Fasther process exited!\n");
        exit(0);            //结束父进程
    }

    setsid();                           //使子进程独立，摆脱原会话、原进程组和控制终端的控制
    chdir("/");                         //改变当前工作目录，摆脱父进程的影响
    umask(0);                           //重设文件权限掩码
    for(i=0;i<MAXFILE;i++)              //关闭文件描述符
        close(i);
    signal(SIGTERM, sigterm_handler);
    while( _running ) {
        if((fd=open("/tmp/daemon.log",O_CREAT|O_WRONLY|O_APPEND,0600))<0){
            perror("open");
            exit(1);
        }
        write(fd,buf,len);
        close(fd);
        usleep(10*1000);
    }
}

void sigterm_handler(int arg) {
    _running = 0;
}
```

实验提示

本实验内容中的（1）和（2）可在阅读本书 2.1.1 节内容后，参阅本节实验指导内容的基础上完成。（3）可按照 2.1.3 节介绍自动执行程序的方法，完成用户登录时自动执行的功能，Shell 程序的编写可参阅 1.4.3 节内容完成。（4）中 daemon 程序的编写可参考 2.1.2 小节中守护进程的编写方法，并了解本实验中的编程示例后动手完成。

实验二　系统用户界面

实验目的

（1）理解、使用和掌握文件系统调用与文件标准子例程的区别和编程方法。

（2）掌握 Linux 下终端图形的编程方法，能编写基于文本的图形界面。

（3）掌握 Linux 下图形界面编程工具，能用 GTK 或 QT 进行图形界面的开发。

实验内容

（1）分别利用文件的系统调用 read、write 和文件的库函数 fread、fwrite 实现文件复制功能，比较在每次读取一字节和 1024 字节时两个程序的执行效率，并分析原因。

（2）编写一个 C 程序，使用 Linux 下基于文本的终端图形编程库 curses，分窗口实时监测（即周期性刷新显示）CPU、内存和网络的详细使用情况，以及它们的利用率。

（3）通过读取 proc 文件系统，获取系统各种信息（如主机名、系统启动时间、运行时间、版本号、所有进程信息、CPU 使用率、内存使用率等），并以比较容易理解的方式显示出来。要求参照 Windows 的任务管理器，利用 GTK/QT 实现图形界面编程。

实验指导

1. 文件系统调用 vs.库函数

Linux 系统下对文件的操作有两种方式：系统调用和库函数调用。系统调用是指操作系统的服务调用，库函数则是面向应用开发的，相当于应用程序的 API。

系统调用提供的文件操作函数有 open、close、read、write、ioctl 等，使用时需包含头文件 unistd.h。系统调用通常用于底层文件访问，如在驱动程序中对设备文件的直接访问。系统调用与操作系统相关，因此一般没有跨操作系统的可移植性。

标准 C 库函数提供的文件操作函数有 fopen、fclose、fread、fwrite、fflush、fseek 等，使用时需包含头文件 stdio.h。库函数调用通常用于应用程序中对一般文件的访问。它是系统无关的，因此可移植性好。库函数调用基于 C 库，因此不可能用于内核空间的驱动程序中对设备的操作。

系统调用发生在内核空间，因此如果在用户空间的一般应用程序中使用系统调用，进行文件操作，会有用户空间到内核空间切换的开销。事实上，即使在用户空间使用库函数来操作文件，因为文件总是存在于存储介质上，因此无论读写操作，都是对硬件（存储器）的操作，必定会引起系统调用，即库函数对文件的操作实际上是通过系统调用来实现的。例如 C 库函数 fwrite 就是通过 write 系统调用来实现的。

尽管库函数也有系统调用的开销，但库函数利用系统调用对文件进行操作时进行了优化，在读写大量数据（相对于系统调用实现的数据操作单位）时，使用库函数可以减少系统调用的次数。在用户空间和内核空间，对文件操作都使用了缓冲区。例如用 fwrite 写文件时，先将内容写到用户空间缓冲区，当用户空间缓冲区满或者写操作结束时，才将用户缓冲区的内容写到内核缓冲区。同样的道理，当内核缓冲区满或写结束时，才将内核缓冲区内容写到文件对应的硬件介质上。

2. 从/proc 中获得相关性能参数

/proc 可以用于访问有关内核状态、计算机属性、运行进程状态等信息。大部分/proc 中的文件和目录提供系统物理环境最新的信息。尽管/proc 中的文件是虚拟的，但它们仍可以使用任何文件编辑器，或像‘more’、‘less’或‘cat’这样的程序来查看。当程序试图打开一个虚拟文件时，这个文件就通过内核中的信息被凭空地（on the fly）创建了。

（1）CPU 使用率

在终端中输入“cat /proc/stat”，可以看到图 41 所示的信息。第一行为总的 CPU 使用率，第二行为第一个 CPU 的使用率。其各项参数分别表示：用户模式（user）、低优先级的用户模式（nice）、内核模式（system），以及空闲的处理器时间（idle）。CPU 使用率可根据公式进行计算：

CPU 使用率 = 100 * (user+nice+system) / (user+nice+system+idle)

```
[root@localhost chen]# cat /proc/stat
cpu  6395 0 9034 169652 6542 313 636 0
cpu0 6395 0 9034 169652 6542 313 636 0
intr 2149115 2071474 280 0 3 3 0 5 0 1 0 0 0 45378 0 0 17519 0 0 0 0 0 0 0 0 0 0
 0 0 0 0 0 0 0 0 0 0 0 0 0 0 0 0 0 0 0 0 0 0 0 0 0 0 0 0 0 0 0 0 0 0 0 0 0 0 0 0
 0 0 0 0 0 0 0 0 0 0 0 0 0 0 0 0 0 0 0 0 0 0 0 0 0 0 0 0 0 0 0 0 0 0 0 0 0 0 0 0
 0 0 0 0 0 0 0 0 0 0 0 0 0 0 0 0 0 0 0 0 0 0 0 0 0 0 0 0 0 0 0 0 0 0 0 0 0 0 0 0
 0 0 0 0 0 0 0 0 0 0 0 0 0 0 0 0 0 0 0 0 0 0 0 0 0 0 0 0 0 0 0 0 0 0 0 0 0 0 0 1
4375 0 0 0 0 0 0 0 77 0 0 0 0 0 0 0 0 0 0 0 0 0 0 0 0 0 0 0 0 0 0 0 0 0 0 0 0 0
0 0 0 0 0 0 0 0 0 0 0 0 0 0 0 0
ctxt 545145
btime 1268924523
processes 4337
procs_running 1
procs_blocked 0
```

图 41 “cat /proc/stat”命令执行的显示结果

（2）内存使用率

使用“cat /proc/meminfo”可以看到：

```
[root@localhost chen]# cat /proc/meminfo
MemTotal:        515664 kB
MemFree:          15492 kB
Buffers:          28920 kB
Cached:          324956 kB
SwapCached:           0 kB
```

MemTotal 为总的内存大小，MemFree 为剩余的内存空间的大小。内存使用的百分比可以表示为：“(1-(MemFree/ MemTotal))*100%”。

（3）进程信息

在/proc 文件夹下，有一些以数字命名的目录，它们是进程目录。系统中当前运行的每一个进程都在/proc 下有对应的一个目录，以进程的 PID 为目录名，它们是读取进程信息的接口，如下所述。

```
task_pid_nr_ns(task, ns), /*进程（包括轻量级进程，即线程）号(task->pid)*/
tcomm,          /*应用程序的名字（task->comm）*/
state,          /*进程的状态信息（task->state）
ppid,           /*父进程 ID*/
pgid,           /*线程组 ID*/
```

```
    sid,            /*会话组 ID*/
    tty_nr,         /*该进程的 tty 终端的设备号，INT（34817/256）=主设备号，（34817-主设备号）=次设备号*/
    tty_pgrp,       /*终端的进程组号，当前运行在该进程所在终端的前台进程（包括 shell 应用程序）的PID*/
    task->flags, /*进程标志位，查看该进程的特性（定义在/include/kernel/sched.h中）*/
    min_flt,        /*累计进程的次缺页数（Copy on  Write页和匿名页）*/
    cmin_flt,       /*该进程所有的子进程发生的次缺页的次数*/
    maj_flt,        /*主缺页数（从映射文件或交换设备读入的页面数）*/
    cmaj_flt,       /*该进程所有的子进程发生的主缺页的次数*/
    cputime_to_clock_t(utime),      /*该进程在用户态运行的时间，单位为jiffies*/
    cputime_to_clock_t(stime),      /*该进程在核心态运行的时间，单位为jiffies*/
    cputime_to_clock_t(cutime),     /*该进程所有的子进程在用户态运行的时间总和，单位为jiffies*/
    cputime_to_clock_t(cstime),     /*该进程所有的子进程在内核态运行的时间的总和，单位为jiffies*/
    priority,                       /*进程的动态优先级*/
    nice,                           /*进程的静态优先级*/
    num_threads,                    /*该进程所在的线程组里线程的个数*/
    start_time,                     /*该进程创建的时间*/
    vsize,                          /*该进程的虚拟地址空间大小*/
    mm ? get_mm_rss(mm) : 0,        /*该进程当前驻留物理地址空间的大小*/
    rsslim,                         /*该进程能驻留物理地址空间的最大值*/
```

3. 计算程序的执行时间

在对算法进行时间分析时，往往需要计算程序的执行时间，计算方法有下面几种。

（1）用 time 获取时间

在执行程序前加 time，如输入“time ./file_copy.exe”，精确到毫秒。time 命令可以获取程序的执行时间，包括程序的实际运行时间（real time），程序在用户态的时间（user time）和内核态的时间（sys time）。

请观察文件拷贝程序的运行时间：执行过程中，用户态运行时间将远小于内核态运行时间，这是因为文件拷贝的主要操作是使用文件相关的系统调用，程序大部分时间工作在内核态。还有一点需要注意的是，real 并不等于 user+sys 的总和。real 代表的是程序从开始到结束的全部时间，即使程序不占 CPU 也统计时间。而 user+sys 是程序占用 CPU 的总时间，因此 real 总是大于或等于 user+sys。

也可以在程序中通过 time 函数来获取时间。time 函数的原型为：clock_t times(struct tms *buf)。

tms 结构体为：

```
struct tms {
    clock_t tms_utime;          /* 进程执行用户代码的时间 */
    clock_t tms_stime;          /* 进程执行内核代码的时间 */
    clock_t tms_cutime;         /* 子进程执行用户代码的时间 */
    clock_t tms_cstime;         /* 子进程执行内核代码的时间 */
}
```

（2）函数 gettimeofday

C 语言中可以使用函数 gettimeofday( )来得到时间，它测量的是墙上时钟时间（wall clock time），精度可以达到微秒，其函数原型为：int gettimeofday(struct timeval *tv, struct timezone *tz)。

gettimeofday( )会把目前的时间用 tv 结构体返回，当地时区的信息则放到 tz 所指的结构中。结构体 tv 和 tz 的结构为：

```
struct timeval {
    long tv_sec;        /* 秒 */
    long tv_usec;       /* 微秒 */
}
struct timezone {
    int tz_minuteswest;         /* 与greenwich时间相差多少分钟 */
    int tz_dsttime;             /* type of DST correction */
```

（3）clock 函数

clock 函数的返回值类型是 clock_t，它除以 CLOCK_PER_SEC 得出时间，一般用两次 clock 函数来计算进程自身运行的时间。

但 clock 函数返回的值仅表示 CPU 实际"工作"消耗的时间，而一个进程消耗的时间大体可分为 3 类：CPU 时间、I/O 时间和等待时间。所以在单 CPU 机器上，通过 clock 函数测量的值会比实际过去的墙上时钟时间要小，但在多 CPU 机器上，由于可以多个 CPU 并行工作，即 clock 的时间可能会成倍计算，所以 clock 又可能反而比消耗的墙上时钟时间要大。

在 Linux 系统中，clock 函数很少使用，原因是除了上述问题，clock 还有 3 个问题：①如果超过一个小时，将要导致溢出；②没有考虑 CPU 被子进程使用的情况；③不能区分用户空间和内核空间。

实验提示

在进行 C 语言编程前，请阅读 1.4.2 小节对 Linux 系统中的 C 程序编译方法有个基本的认识；请从 2.2.2 小节中了解系统调用的使用方法，并在实验指导中理解系统调用和库函数的差别。利用 curses 库编写终端图形界面、GTK/QT 进行图形界面编程的方法可在 1.4.4 小节中找到。请前往 2.7.3 小节了解虚拟文件系统/proc，并结合实验指导掌握实验四中的系统信息获取方法。

实验三　增加系统调用

实验目的

（1）理解 Linux 系统处理系统调用的流程。

（2）掌握增加与调用系统调用的方法。

（3）理解 Linux 的内核模块和编译方法。

实验内容

（1）向现有 Linux 内核加入一个新的系统调用，实现一个新的内核函数 mycall( )，此函数通过引用参数的调用返回当前系统时间，功能上基本与 gettimeofday( )相同。

（2）用编译内核的方法，将其加入内核源码并编译、使用新的内核。

（3）编写测试程序测试该系统调用。

实验指导

1. 内核函数 vs.库函数

Linux 内核中存在大量的内核函数，内核函数与 C 库函数的区别在于，内核函数在内核实现，因此必须遵守内核编程的规则。有些内核函数局限于某个内核文件自己使用，有些则是 export 出来供内核其他部分共同使用。对于 export 出来的内核函数，可以使用 ksyms 命令或/proc/ksyms 文件查看。

内核函数本身是内核系统调用，不能直接调用系统调用，其形式跟一般的函数有很大的不同。内核代码不能直接调用系统调用命令，应直接使用系统调用的实际函数，如 printk、sys_open、sys_close 等。

以 printf 函数为例，在系统调用中不能调用 printf 这样的库函数，printk 是内核程序区别于其他 C 程序的一个显著特征——内核并不提供 printf 函数。printk 将格式化字符串拷贝到内核的 log buffer，log buffer 由 syslog 程序读取。看上去 printk 与经常使用的 printf 相似，但 printk 有区别于 printf 的显著特征，其中之一就是能对它设定优先级标志(priority flag)。通过这个优先级标志来判断将内核信息显示在何处：是记录在/var/log/messages 中，还是显示到 console。

同理，内核中使用 sys_read 函数而不是 read 来读取文件等。

2. 内核中操作文件

系统调用提供给用户空间的程序访问，因此，对传递给它的参数，默认会认为来自用户空间。但在内核中使用一些系统调用（如打开、写文件等操作）时，为了保护内核空间，一般需要使用 get_fs、set_fs 等对它们进行保护，以防止用户空间程序“蓄意”破坏内核空间。如：

```
mm_segment_t fs;
......

fs=get_fs();
set_fs(KERNEL_DS);
filp->f_op->write(filp, buf, size, &filp->f_pos);
set_fs(fs);
```

只有加入这些代码，才能在内核中使用 open、write 等的系统调用。其原因是 open、write 的参数位于用户空间，在这些系统调用的实现中，需要对参数进行检查，即检查它的参数指针是不是用户空间的：get_fs()的作用是取得当前的设置，有两个取值：USER_DS（用户空间）和 KERNEL_DS（内核空间）。现在在内核空间使用系统调用，此时传递给 write()的参数地址是内核空间的地址，如果不做任何其他处理，write()函数会认为该地址超过了用户空间的范围，而不允许后续操作的执行。为了解决这个问题，通过执行 set_fs(KERNEL_ds)，将其能访问的空间限制扩大到内核空间，这样就可以在内核使用系统调用了。

实验提示

请自学 2.2 节，了解系统调用的实现过程、使用方法和添加步骤后，开始该实验。在添加系统调用的过程中，需要重新生成内核镜像并加载新的内核，可参阅 2.8.2 小节完成。

实验四　进程控制

实验目的

（1）加深对进程概念的理解，进一步认识并发执行的实质。

（2）掌握 Linux 操作系统的进程创建和终止操作。

（3）利用 Linux 操作系统提供的信号量工具实现进程间的同步。

（4）掌握对共享内存的相关操作。

实验内容

（1）编写一段源程序，使系统调用 fork()创建两个子进程，当此程序运行时，在系统中有一个父进程和两个子进程活动。让每一个进程在屏幕上显示一个字符：父进程显示字符“a”，子进程分别显示字符“b”和字符“c”。试观察记录屏幕上的显示结果，并分析原因。

（2）①编写一段程序，使其实现进程的软中断通信。

要求：使用系统调用 fork()创建两个子进程，再用系统调用 signal()让父进程捕捉键盘上来的中断信号（即按【Del】键）；当捕捉到中断信号后，父进程用系统调用 Kill()向两个子进程发出信号，子进程捕捉到信号后分别输出下列信息后终止：

```
Child Processl1 is Killed by Parent!
Child Processl2 is Killed by Parent!
```

父进程等待两个子进程终止后，输出如下的信息后终止：

```
Parent Process is Killed!
```

② 在上面的程序中增加语句 signal (SIGNAL, SIG-IGN) 和 signal (SIGQUIT, SIG-IGN), 观察执行结果，并分析原因。

（3）求 100 000 个浮点数（精确小数点右 4 位）的平均值（和、最大值、最小值）。要求：

① 随机生成 100 000 个浮点数（父进程）；

② 创建 4 个子进程，分别求 25000 个浮点数之和；

③ 父进程完成 100 000 个浮点数之和，并打印结果；

④ 统计顺序计算的时间和多个进程采用多道程序设计完成计算的时间。

实验指导

1. 进程控制的系统调用

（1）fork( ) 创建一个新的子进程。

系统调用格式：pid = int fork();

fork 调用返回时，系统中已有两个用户级环境完全相同的进程存在，其子进程会复制父进程的数据与堆栈空间，并继承父进程的用户代码、组代码、环境变量、已打开的文件代码、工作目录和资源限制。父进程和子进程从 fork 调用中得到的返回值不同，其中子进程得到的返回值为零，父进程得到的返回值是新创建子进程的进程标识号。如果 fork 调用失败，则返回-1。

（2）getpid( )。

取得目前进程的识别码（进程 ID），许多程序利用取到的此值来建立临时文件，以避免临时文件重名带来的问题。

系统调用格式：int getpid( )

如：
```
#include<unistd.h>
main( ) {
   printf("pid=%d\n",getpid());
}
```

（3）getppid( )。

取得目前进程的父进程识别码。

系统调用格式：int getppid( )

（4）wait( ) 等待子进程暂停或终止。

语法格式为：int wait(int stat_loc);

wait 调用将调用进程挂起，直到该进程收到一个被其捕获的信号，或者它的任何一个子进程暂停或终止为止。如果 wait 调用之前已有子进程暂停或终止，则该调用立即返回。其返回值为等待子进程的子进程号：n=wait()。

（5）exit( ) 终止进程执行。

语法格式为：void exit(int status);

子进程自我终止，释放所占资源，通知父进程可以删除自己。此时它的状态变成 P_state=SZOMB。参数 status 是调用进程终止时传递给其父进程的值。如调用进程还有子进程，则将其所有子进程的父进程改为 1 号进程。

（6）lockf( ) 锁定文件。

语法格式为：int lockf(int fd, int mode, long size);

利用系统调用 lockf(fd,mode,size)，可以对指定文件的指定区域（由 size 指示）进行加锁或解锁，以实现进程的同步与互斥。其中 fd 为文件描述字；mode 为锁定方式，0 表示解锁，1 表示加锁，2 表示测试和锁定，3 表示测试有否被锁定；size 为锁定或解锁的字节数，0 表示从文件的当前位置到文件尾。

常用程序段的写法一般为：

```
fd = open( "a.out",2 );
i = fork();
if(i= =0){
    lockf(fd,1,0);
    ......
    lockf(fd,0,0);
}
```

2. 进程的“软中断”通信

同一用户的进程之间通信的方式为：一个进程通过系统调用 kill(pid,sig)向同一用户的其他进程 pid 发送一个软中断信号；另一进程通过系统调用 signal(sig,func)捕捉到信号 sig 后，执行预先约定的动作 func，从而实现这两个进程间的通信，如下所述。

（1）发送信号 kill(pid,sig)：本进程将指定信号 sig 发送给指定进程 pid，其中参数为 pid 进程号，pid 与 sig 均为整数值。

（2）接收信号 signal(sig,func)，本进程接收到其他进程发送给它的信号后，完成指定的功能 func。func 一般是函数。

sig 的值包括：

SIGHVP	挂起。
SIGINT	键盘按^C 键或【Break】键。
SIGQUIT	键盘按【Quit】键。
SIGILL	非法指令。
SIGIOT	IOT 指令。
SIGEMT	EMT 指令。
SIGFPE	浮点运算溢出。
SIGKILL	要求终止进程。
SIGBUS	总线错。
SIGSEGV	段违例。
SIGSYS	系统调用参数错。
SIGPIPE	向无读者管道上写。
SIGALRM	闹钟。
SIGTERM	软件终结。
SIGUSRI	用户定义信号。
SIGUSR2	第二个用户定义信号。
SIGCLD	子进程死。
SIGPWR	电源故障。

func 对 sig 的解释为 SIG_DEL：默认操作。对除 SIGPWR 和 SIGCLD 外所有信号的默认操作是对信号 SIGQUIT、SIGILL、SIGTRA、SIGIOT、SIGEMT、SIGFPE、SIGBUS、SIGSEGV 和 SIGSYS，进程终结。它产生一内存映像文件。SIG_IGN：忽视该信号的出现。

func 为在该进程中的一个函数地址，在核心返回用户态时，它以软中断信号的序号作为参数调用该函数，对除了信号 SIGILL,SIGTRAP 和 SIGTWR 以外的信号，核心自动地重新设置软中断信号处理程序的值为 SIG_DEL，一个进程不能捕获 SIGKILL 信号。

程序中可以使用 sleep(second)实现进程的同步与互斥，变量 *second* 为暂停秒数。其功能是使现行进程暂停执行由自变量规定的秒数。类似的系统调用有 pause( )，它的功能是暂停执行本进程，等待 kill 发来的信号，收到信号后再继续执行。

在特殊情况下，常用到语句“signal(SIGINT,SIG_IGN)”，表示遇到了中断信号 SIGINT（按【Del】键）时，进程不做任何动作，即忽略该中断信号对本进程的影响。

编程示例

（1）编写一个程序，父进程生成一个子进程，父进程等待子进程 wait()，子进程执行完成后自我终止 exit()，并唤醒父进程。父、子进程执行时打印有关信息。

```
main( ) {
    int i,j,k;
    if (i=fork( )) {        // 非零值
        j=wait();
        printf("Parent process!\n");
        printf("i=%d j=%d\n", i, j);
    } else{
        k=getpid( );
       printf("Child process!\n");
       printf("i=%d k=%d\n", i, k);
    }
}
```

（2）编写一个程序，父进程生成子进程，父进程发送信号并等待，子进程接收信号并完成某种功能，然后自我终止并唤醒父进程。

```
int func( );
main( ) {
    int i,j:
    signal(17,func);
    if(i=fork()) {
        printf("Parent: Signal 17 will be send to Child! \n");
        kill(i,17);
        wait(0);
        printf("Parent: finished! \n");
    } else {
        sleep(10);
        printf("Child: A signal from my Parent is received! \n") ;
        exit();
    }
}
func( ) {
    printf("It is signal 17 processing function! \n");
}
```

执行结果为：

```
Parent: Signal 17 will be send to Child!
It is signal 17 processing function!
Child: A signal from my Parent is received!
Parent: finished!
```

实验提示

请阅读 2.3.1 节和 2.3.2 节了解进程的相关知识，重点学习 2.3.3 节，了解多进程编程的方法，根据实验指导和编程示例提供的信息完成该实验。

实验五　进程间通信

实验目的

（1）理解 Linux 关于进程间通信的概念。

（2）掌握几种进程间通信的方法。

（3）巩固进程同步概念和实现进程同步的方法。

实验内容

（1）编写 server 和 client 两个程序，利用命名管道实现两个进程间的消息互通。

（2）编写程序，让父子两个进程通过消息队列相互聊天、发送消息（1 024 字节）。

（3）使用共享内存解决读者/写者问题：writer 从用户处获得输入，然后将其写入共享内存，reader 从共享内存获取信息，再在屏幕上打印出来。

（4）使用多线程和信号量解决生产者/消费者问题：有一个长度为 N 的缓冲池被生产者和消费者共同使用。只要缓冲池未满，生产者就可以将消息送入缓冲池；只要缓冲池不空，消费者便可从缓冲池中取走一个消息。生产者向缓冲池放入消息的同时，消费者不能操作缓冲池，反之亦然。

实验指导

1. 进程管道通信

建立进程间的管道，格式为：

```
pipe(fd);
int fd[2];
```

其中，fd[1]是写端，向管道中写入；fd[0] 是读端，从管道中读出。本质上将其当作文件处理。进程间可通过管道，用 write 与 read 来传递数据，但 write 与 read 不可以同时进行，在管道中只能有 4 096 字节的数据被缓冲。

编程示例：编写一个程序，建立一个 pipe，同时父进程产生一个子进程，子进程向 pipe 中写入一个字符串，父进程从中读出该字符串，并每隔 3 秒输出打印一次。

```
main( ) {
     int x,fd[2];
     char S[30];
     pipe(fd);
     for (;;) {
          x=fork();
          if (x==0) {
               sprintf(S,"Good-night!\n");
               write(fd[1],S,20);
               sleep(3);
               exit(0);
          } else {
               wait(0);
               read(fd[0],S,20);
               printf("**********\n",S);
          }
     }
}
```

2．消息队列函数

（1）msgget( )

获得一个消息的描述符，该描述符指定一个消息队列，以便用于其他系统调用。该函数使用头文件包括 sys/types.h、sys/ipc.h、sys/msg.h。语法格式为：

```
int msggid = msgget(key_t key, int flag);
```

其中，msgid 是该系统调用返回的描述符，失败则返回-1；flag 本身由操作允许权和控制命令值相"或"得到。如："IP_CREAT|0400"表示该队列是否应被创建；"IP_EXCL |0400"为该队列的创建是否应是互斥的。

（2）msgsnd( )

发送一消息。该函数使用的头文件包括 sys/types.h、sys/ipc.h、sys/msg.h。语法格式为：

```
int msgnd(int id, struct msgbuf *msgp, int size, int flag);
```

其中，id 是返回消息队列的描述符；msgp 是指向用户存储区的一个构造体指针，size 指示由 msgp 指向的数据结构中字符数组的长度（即消息的长度），最大值由 MSG-MAX 系统可调用参数来确定；flag 规定当核心用尽内部缓冲空间时应执行的动作，若在标志 flag 中未设置 IPC_NOWAIT 位，则当该消息队列中字节数超过最大值，或系统范围的消息数超过某最大值时，调用 msgsnd 进程睡眠。若设置 IPC_NOWAIT，则在此情况下，msgsnd 立即返回。

（3）msgrcv( )

接受一个消息。该函数调用使用头文件包括 sys/types.h、sys/ipc.h、sys/msg.h。语法格式为：

```
int msgrcv(int id, sturct msgbuf * msgp, int size, int type, int flag);
```

其中：id 是用来存放欲接收消息的用户数据结构的地址；size 是 msgp 中数据数组的大小；type 是用户要读的消息类型：0 为接收该队列的第一个消息，为正表示接收类型 type 的第一个消息，为负表示接收小于或等于 type 绝对值的最低类型的第一个消息；flag 规定若该队列无消息，核心应执行的操作；该函数返回消息正文的字节数。如果此时设置了 IPC_NOWAIT 标志，则立即返回；若在 flag 中设置了 MSG_NOERROR，且所接收的消息大小大于 size，核心将截断所接受的消息。

（4）msgctl( )

查询一个消息描述符的状态，设置它的状态及删除一个消息描述符。调用该函数使用头文件包括 sys/types.h、sys/ipc.h、sys/msg.h。语法格式为：

```
int msgctl(int id, int cmd, struct msqid_ds *buf);
```

其中：函数调用成功时返回 0，调用不成功时返回-1。id 用来识别该消息的描述符；cmd 规定命令的类型：IPC_START 将与 id 相关联的消息队列首标读入 buf；IPC_SET 为这个消息序列设置有效的用户和小组标识，及操作允许权和字节的数量；IPC_RMID 删除 id 的消息队列。buf 是含有控制参数或查询结果的用户数据结构的地址。

msgid_ds 结构定义为：

```
struct msgid_ds {
    struct ipc_perm msg_perm;        /*许可权结构*/
    shot padl[7];                    /*由系统使用*/
```

```
    ushort onsg_qnum;                    /*队列上消息数*/
    ushort msg_qbytes;                   /*队列上最大字节数*/
    ushort msg_lspid;                    /*最后发送消息的PID*/
    ushort msg_lrpid;                    /*最后接收消息的PID*/
    time_t msg__stime;                   /*最后发送消息的时间*/
    time_t msg_rtime;                    /*最后接收消息的时间*/
    me_t msg_ctime;                      /*最后更改时间*/
    };
```

3. 共享内存函数

（1）shmget( )

获得一个共享存储区。该函数使用头文件包括 sys/types.h、sys/ipc.h、sys/shm.h。语法格式为：

```
int shmaget(key_t key, int size, int flag);
```

其中：size是存储区的字节数，key和flag与系统调用msgget中的参数含义相同。flag 本身由操作允许权和控制命令值相“或”得到。如：“IP_CREAT|0400”表示该队列是否应被创建；“IP_EXCL |0400”为该队列的创建是否应是互斥的。

（2）shmat( )

从逻辑上将一个共享存储区附接到进程的虚拟地址空间上。该函数调用使用头文件包括sys/types.h、sys/ipc.h、sys/shm.h。语法格式为：

```
char * shmat(int id, char * addr, int flag);
```

其中：id是共享存储区的标识符，addr是用户提供的共享存储区附接的虚地址，若addr是0，则表示系统自动分配地址并把该段共享内存映射到调用过程的地址空间。flag 规定了对该存储区的操作权限，以及系统是否要对用户规定的地址做舍除操作。如果flag中设置了shm_rnd，即表示操作系统在必要时舍去这个地址。如果设置了shm_rdonly，即表示只允许读操作。

（3）shmdt( )

把一个共享存储区从指定进程的虚地址空间分开。调用该函数使用头文件 sys/types.h、sys/ipc.h、sys/shm.h。语法格式为：

```
int shmdt(char * addr);
```

其中，当调用成功时，返回0值；调用不成功，返回-1。addr是系统调用shmat所返回的地址。

（4）shmctl( )

对与共享存储区关联的各种参数进行操作，从而对共享存储区进行控制。调用该函数使用头文件sys/types.h、sys/ipc.h、sys/shm.h。调用格式为：

```
int shmctl(int id, int cmd, struct shmid_ds * buf);
```

若调用成功返回0，否则返回-1。id为被共享存储区的标识符；cmd规定操作的类型。规定如下所述。

IPC_STAT：返回包含在指定的 shmid 相关数据结构中的状态信息，并且把它放置在用户存储区中的*buf指针所指的数据结构中。执行此命令的进程必须有读取允许权。

IPC_SET：对于指定的shmid，为它设置有效用户、小组标识和操作存取权。

IPC_RMID：删除指定的 shmid 及与它相关的共享存储区的数据结构。

SHM_LOCK：在内存中锁定指定的共享存储区，必须是超级用户才可以进行此项操作。

buf 是一个用户级数据结构地址。

shmid_ds 的数据结构为：

```
shmid_ds {
    struct ipc_perm shm_perm;          /*允许权结构*/
    int shm_segsz;                     /*段大小*/
    int padl;                          /*由系统使用; */
    ushort shm_lpid;                   /*最后操作的进程 id; */
    ushort shm_cpid;                   /*创建者的进程 id; */
    ushort shm_nattch;                 /*当前附接数; */
    short pad2;                        /*由系统使用; */
    time_t shm_atime;                  /*最后附接时间*/
    time_t shm_dtime;                  /*最后段接时间*/
    time_t shm_ctime;                  /*最后修改时间*/
}
```

实验提示

本实验的 4 个题目分别对应 2.4 节中的 4 小节内容（管道通信、消息队列、共享内存和信号量），请先行自学。编程中所使用的具体函数及使用方法可参考本实验的实验指导。

实验六　虚拟内存管理

实验目的

（1）掌握 Linux 虚拟内存管理的原理和技术。

（2）理解 Linux 的按需调页机制。

（3）掌握 Linux 动态内存操作函数/命令的使用。

实验内容

（1）编写程序，统计从当前时刻起，一段时间内操作系统发生的缺页次数。

（2）利用系统提供的内存操作函数进行内存的申请、使用与释放。

（3）分析系统调用 do_page_fault()、brk()、mmap()的调用流程，涉及到的主要数据结构，画出流程图来表示相关函数之间的相互调用关系。

（4）利用 free 和 vmstat 命令观察主存分配结果及使用情况。

实验指导

1. /proc/stat 获取中断信息

在 Linux 系统的/proc 文件系统中有一个记录系统当前基本状况的文件 stat。该文件中有一部分是关于中断次数的。这一部分中记录了从系统启动后到当前时刻发生的系统中断的总次数，以及各类中断分别发生的次数。这一部分以关键字 intr 开头，紧接着的一项是系统发生中断的总次数，之后依次是 0 号中断发生的次数，1 号中断发生的次数……其中缺页中断是第 14 号中断，也就是在关键字 intr 之后的第 16 项。

该实验可以利用 stat 文件提供的数据，在一段时间的开始时刻和结束时刻分别读取缺页中断发生的次数，然后做一个减法操作，就可以得出这段时间内发生缺页中断的次数。由于 stat 文件的数据是由系统动态更新的，过去时刻的数据是无法采集到的，所以这里的开始时刻最早也只能是当前时刻，实验中采用的统计时间段就是从当前时刻开始的一段时间。

2. 统计缺页中断次数

由于每发生一次缺页，都要进入缺页中断服务函数 do_page_fault 一次，所以可以认为执行该函数的次数就是系统发生缺页的次数。因此可以定义一个全局变量 *pfcount* 作为计数变量，在执行 do_page_fault 时，该变量值加 1。经历的时间可以利用系统原有的变量 *jiffies*。这是一个系统的计时器，在内核加载完以后开始计时，以 10ms（默认）为计时单位。

借助/proc 文件系统来读出变量的值。在/proc 文件系统下建立目录 pf，以及在该目录下的文件 pfcount 和 jiffies。

实验提示

请参阅 2.5 节内存管理完成该实验。

实验七　添加设备驱动

实验目的

（1）了解 Linux 设备驱动的管理方式。

（2）了解 Linux 设备驱动程序的组织结构和设备管理机制。

（3）掌握 Linux 设备驱动程序的编写方法和过程。

（4）掌握 Linux 设备驱动程序的加载方法。

实验内容

（1）编写字符设备驱动程序，要求能对该字符设备执行打开、读、写、I/O 控制和关闭 5 个基本操作。

（2）编写块设备驱动程序，要求能对该字符设备执行打开、读、写、I/O 控制和关闭 5 个基本操作。

（3）编写一个应用程序，测试添加的字符设备和块设备驱动程序的正确性。

（4）分析字符设备和块设备驱动程序，指出它们在实现过程中的异同点。

（5）简要描述 Linux 内核模块的加载过程。

实验指导

1. 用 makefile 文件进行项目管理

在 Linux 系统中，make 是一个极其重要的编译命令。而对于一个包含大量源文件的项目，如果每次键入“gcc”或其他编译命令来进行编译，将是一件极其繁琐的工作，因此经常使用“make”或“make install”进行项目开发或应用软件安装。make 和 makefile 工具可以快速理顺各个源文件之间纷繁复杂的关系，将大型项目分解成多个易于管理的模块，自动完成编译工作，并且可以只对上次编译后修改过的部分进行编译。

Makefile 文件用于描述程序编译的整个过程，它关系到整个工程的编译规则，需要按照一定的语法进行编写，说明如何编译各个源文件，并生成可执行文件，以及各个文件之间的依赖关系。一旦 makefile 文件写好，只需要一个 make 命令（解释 makefile 中指令的命令工具），整个工程就可以完全自动编译，从而提高软件的开发效率。

Makefile 是 make 命令依赖并读取的配置文件，用于描述编译整个项目的详细规则。Makefile 文件遵循一定的格式，通常包含如下内容。

- 需要由 make 命令创建的目标对象（targets），通常为目标文件或可执行文件。
- 要创建的目标对象所依赖的文件（dependent_files）。
- 创建每个目标对象时需要运行的命令（command）。

依据上述内容，Makefile 文件的格式为：

```
targets … : dependent_files …
(tab) command
```

如当前目录下名为 Makefile 的文件内容及相关描述为：

```
sort: main.o sort.o              # 指定可执行文件 sort 依赖目标文件 main.o 和 add.o
gcc -o sort main.o sort.o # 执行该命令可将目标文件链接成可执行文件
main.o: main.c                   # 指定目标文件 main.o 依赖源文件 main.c
gcc -c main.c                    # 执行该命令可将源文件 main.c 编译成目标文件
sort.o : sort.c                  # 指定目标文件 sort.o 依赖源文件 sort.c
gcc -c sort.c                    # 执行该命令可将源文件 sort.c 编译成目标文件

clean :                          # 定义 clean 目标，用来清除编译过程中生成的
rm main.o add.o add              # 中间文件
```

make 命令主要有标志、宏定义和目标名 3 个可选参数，其标准形式为：

```
make [标志] [宏定义] [目标名]
```

主要标志选项及其含义如表 12 所示。

在当前目录下执行 make 命令的格式为：“make　target”，这样 make 命令会自动解析 Makefile 文件，并搜寻指定 target 后面的依赖文件 dependent_files，当且仅当依赖文件都存在时，才执行后面的 command 语句，否则需要先生成依赖文件。执行命令“make”将执行以下操作。

（1）在当前目录下找名为“Makefile”或“makefile”的文件。

（2）如果找到，它会找文件中的第一个目标，如上例中查找文件“sort”，并把该文件设定

为最终的目标文件。

表 12　　make 命令主要标志选项及其含义

标 志 选 项	标志选项含义
-f FILE	读取 FILE 文件作为一个 makefile
-i	忽略命令执行返回的出错信息
-s	沉默模式，在执行之前不输出相应的命令行信息
-r	禁用内置隐含规则
-n	非执行模式，输出所有执行命令，但并不执行
-t	使用 touch 命令创建目标，而不是根据依赖后面的命令生成目标
-q	根据目标文件是否已经更新，返回 0 或非 0 的状态信息
-p	输出所有宏定义和目标文件描述
-d	Debug 模式，输出有关文件和检测时间的详细信息
-C dir	在所有操作前切换到 dir 目录
-I dir	包含其他 makefile 文件时，利用该选项指定搜索目录
-h	打印帮助信息
-w	在处理 makefile 之前和之后，都显示 makefile 所在目录

（3）如果文件“sort”不存在，或是“sort”所依赖的目标文件（.o 文件）的修改时间比“sort”文件新，那么，系统将执行后面所定义的命令来生成“sort”文件。

（4）如果文件“sort”所依赖的目标文件也不存在，将在当前文件中查找目标为.o 文件的依赖文件，如果找到，则根据相应规则生成.o 文件。

（5）如果 makefile 文件中列出的源文件都存在，make 工具将先生成 .o 文件，再用 .o 文件链接成可执行文件，否则将提示错误。

make 工具会一层层地解析文件的依赖关系，一步步编译出各个目标，直到最终编译出第一个目标文件。解析过程中如果出现错误，make 将直接退出并报错。而对于每条依赖中所定义的命令的错误，或是编译不成功，make 将不予理会。

下面是一个添加设备驱动实验中用到的 Makefile 样例代码。

```
ifneq ($(KERNELRELEASE),)
    obj-m := mydevice.o
else
    KERNELDIR ?= /lib/modules/$(shell uname -r)/build
    PWD := $(shell pwd)
default:
    $(MAKE) -C $(KERNELDIR) M=$(PWD) modules
endif
install:
    sudo insmod mydevice.ko
```

```
uninstall:
    sudo rmmod mydevice
clean:
    rm -rf *.o *.ko .*.cmd *.mod.c .tmp_versions
```

2. 添加设备驱动的方法

设备驱动的添加方法可参考下面的操作步骤。

（1）编写设备驱动程序（如 mydev.c）。

（2）将设备驱动源文件复制到内核源码目录（如/usr/src/linux-2.6.18/drivers/misc）下。

（3）修改 Makefile 文件，只需增加：obj-m +=mydev.o

（4）在当前目录下进行文件编译：

```
make -C /usr/src/linux SUBDIRS=$PWD modules
```

如编译成功，将得到 mydev.ko 文件。

（5）挂载内核中的模块：

```
insmod ./mydev.ko
```

此时，执行命令“cat /proc/devices”将有一行“XXX mydev”，其中“XXX”为系统分配的主设备号，“mydev”是设备注册名。调用 dmesg 命令也可以查看主设备号。

（6）创建新的虚拟设备文件，如：

```
mknod /dev/my_dev c 251 0
```

其中第一个参数“/dev/my_dev”是新建设备文件的地址和名字，第二个参数“c”是指创建的是字符设备文件，第三个参数“251”为主设备号，第四个参数“0”为从设备号。

（7）编写测试程序，测试新的设备驱动。

（8）最后，执行卸载操作，如下所述。

删除模块：执行命令“rmmod mydev”。

删除新增的设备文件：执行命令“rm /dev/my_dev”。

3. 设备的读写操作

读写设备意味着要在内核地址空间和用户地址空间之间传输数据。由于指针只能在当前地址空间操作，而驱动程序运行在内核空间，数据缓冲区则在用户空间，跨空间复制就不能通过通常的方法，如利用指针或通过 memcpy 来完成。在 Linux 中，跨空间复制是通过定义在<asm/uaccess.h>里的特殊函数实现的。既可以用通用的复制函数，也可以用针对不同数据大小（char、short、int、long）进行了优化的复制函数。

为了能传输任意字节的数据，可以用 copy_to_user( )和 copy_from_user( )两个函数。尽管这两个函数看起来很像正常的 memcpy 函数，但是当在内核代码中访问用户空间时，必须额外注意一些问题：正在被访问的用户页面现在可能不在内存中，而且缺页处理函数有可能在传输页面的时候让进程进入睡眠状态。例如，当必须从交换区读取页面时，就会发生这种情况。因此，在编写驱动程序时必须注意，任何访问用户空间的函数都必须是可重入的，而且能够与驱动程序内的其他函数并发执行。这是用信号量来控制并发访问的原因。

上述这两个函数的作用并不局限于传输数据，它们也可以检查用户空间的指针是否有效。如果指针无效，复制不会进行；如果在复制过程中遇到了无效地址，则只复制部分数据。在这两种情况下，函数的返回值都是尚未复制数据的字节数。如果不需要检查用户空间指针的有效性，可以直接调用__copy_to_user( )和__copy_from_user( )，以提高效率。

就实际的设备操作而言，读的任务是把数据从设备复制到用户空间（用 copy_to_user( )），而写操作则必须把数据从用户空间复制到设备（用 copy_from_user( )）。每一个 read 或 write 系统调用都会要求传输一定字节数的数据，但驱动程序可以随意传输其中一部分数据。如果有错误发生，read 和 write 都会返回一个负值。一个大于等于零的返回值会告诉调用程序成功传输了多少字节的数据。如果某个数据成功地传输了，随后发生了错误，返回值必须是成功传输的字节数，只有到下次函数被调用时才会报告错误。

虽然内核函数返回一个负值标识错误，该数的数值表示已发生的错误种类，但是运行在用户空间的程序只能看到错误返回值-1。只有访问变量 errno，程序才能知道发生了什么错误。这两方面的不同行为，一方面是靠系统调用的 POSIX 调用标准强加的，另一方面是内核不处理 errno 的优点导致的。

实验提示

请阅读 2.6 节，了解设备驱动原理和设备驱动程序的编写方法，驱动程序的添加方法和编译过程可参见实验指导。设备驱动程序的加载可参阅 2.8.3 小节中动态模块加载来完成。

实验八　设计文件系统

实验目的

（1）掌握文件系统的工作原理。

（2）理解文件系统的主要数据结构。

（3）加深理解文件系统的内部功能和实现方法。

实验内容

（1）设计并实现一个一级（单用户）文件系统程序，要求提供以下操作。

① 文件创建/删除命令：create/delete。

② 目录创建/删除命令：mkdir/rmdir。

③ 显示目录内容命令：ls。

（2）以（1）为基础设计并实现一个多用户的二级文件系统。要求做到以下几点。

① 实现用户登录（login）、文件列示（ls）、文件打开/关闭（open/close）、文件读/写（read/write）、文件创建/删除（create/delete）等功能。

② 显示目录内容时要列出文件名和文件长度等信息。

③ 文件、目录要有权限，可以进行读写保护。

实验指导

可以在内存中开辟一个虚拟磁盘空间作为文件存储器，并将该虚拟文件系统以文件的形式保存到磁盘上，以便下次可以将其恢复到内存的虚拟磁盘空间中。对模拟文件系统的操作是对该文件的读写，创建磁盘即为创建该文件。

文件系统以块为基本分配单位，首先需要设置每个块（BLOCK_SIZE）的大小（如 512 字节）。最开始的第 0 块为引导块；然后是 FAT 表，可以分配多个块存储 FAT 表；接下来就是根目录了。格式化时，根目录中需要增加两个目录项“.”和“..”，分别表示当前目录和上层目录。

需要使用的数据结构包括 FAT 表、文件控制块、文件打开表等，可参考以下内容进行设计。

- FAT 表项中的内容表示文件的下一个盘块号，如果当前块为文件的最后一个盘块（即没有下一个盘块），则相应的表项内容可设置为 0×FF（END_OF_FILE），表示文件结束。如果 FAT 表项的内容为 0（NOT_USED），则表示该表项对应的块未被使用。
- 每个文件都有一个文件控制块，需要包含文件名、文件属性、文件所在的第一个块的块号、文件大小等属性。
- 文件打开表用于记录文件访问的动态变化过程，应包含打开的文件指针、打开文件的权限、文件指针所在的块、文件指针所在块内偏移等信息。

系统中最主要的操作的实现方法可参考以下各项。

（1）文件系统格式化（format）。

以读/写方式建立一个新的文件，返回一个文件指针。后续程序可以通过该文件指针对文件进行相关的读/写操作。格式化过程中，文件系统读入内存，只需将位示图中的所有内容置为 0，并在根目录中填入“.”和“..”项的内容即可。

（2）创建文件（create）。

创建文件时，首先要判断该文件是否已存在，如不存在，再创建文件。创建文件时，首先查找该文件，如果找到表示文件存在，否则为该文件分配空闲的文件控制块，并填写相应的属性等信息。如果创建的是目录文件，则需要为其申请新的一块，并在块中填入“.”和“..”项的内容。由此可见，创建一个普通文件和创建一个目录文件是不同的，普通文件的初始大小为 0，初始块号为 END_OF_FILE，而目录文件初始化时是有大小的。

（3）删除文件（rm）。

与创建文件 create 操作类似。

（4）获取文件控制块（get_fcb）。

这个操作主要根据路径找到它对应的文件的文件控制块。根据路径参数首先找到目录名，从当前查找目录找到该目录，如果找到，则把该目录设为当前查找目录，继续递归查找，直到找到路径的最后一项；如果没找到，则返回错误。

（5）打开文件（open）。

首先检查文件是否已经打开。如果没有打开，则由文件对应的路径，利用 get_fcb 操作找到需打开的文件的文件控制块，并加到文件打开表中。文件打开表中的文件指针所在的块及块内偏移，表示当前对打开的文件的操作已经处于该文件所占磁盘空间的某个块的某个字节位置。文件刚打开时初值为 0。

（6）关闭文件（close）。

与打开文件 open 操作类似。

（7）文件读操作（read）。

首先判断文件是否已经打开。若文件已打开，则由 get_fcb 操作找到相应的文件控制块，开始递归读取文件中的内容。读完之后，需要修改文件打开表中相应指针的值。如果读取的字节数超过文件最大长度，则只能读到文件结尾为止。

（8）文件写操作（write）。

与文件读操作 read 类似。需注意：新创建的普通文件的大小为 0，此时对该文件进行写操作时，必须先申请一个空闲块，再进行递归的写操作。

（9）显示当前目录下的文件和目录（ls）。

遍历当前目录下所有的目录项，操作方法与 get_fcb 类似。

也可参考 Unix/Linux 系统中的多级索引方式来设计文件的物理结构，请自行完成相关设计内容。

实验提示

这是本书中最有难度的一个实验，涵盖了文件系统层次结构、磁盘管理、文件系统接口等内容，既可以模仿 Linux 的 EXT2 文件系统，也可以参照 Windows 的 FAT 方式，或者两者综合取长补短。本书的 2.7 节简要介绍了 Linux 的几种文件系统，本实验的实验指导中也仅给出了少量的指导信息，目的是希望读者能综合运用操作系统原理中所学的知识和 Linux 系统实验中锻炼的动手能力，独立思考，通过自己的分析和比较，选择适合自己的方案，完成该实验。